U0156989

信息技术教学模式与方法研究

郑兆勇　著

吉林科学技术出版社

图书在版编目（CIP）数据

信息技术教学模式与方法研究 / 郑兆勇著. -- 长春：
吉林科学技术出版社，2022.11
ISBN 978-7-5578-9869-4

Ⅰ．①信… Ⅱ．①郑… Ⅲ．①电子计算机－教学模式
－研究 Ⅳ．① TP3-42

中国版本图书馆 CIP 数据核字（2022）第 201495 号

信息技术教学模式与方法研究

著	郑兆勇
出 版 人	宛 霞
责任编辑	杨超然
封面设计	树人教育
制 版	树人教育
幅面尺寸	185mm×260mm
字 数	240 千字
印 张	10.875
印 数	1-1500 册
版 次	2022年11月第1版
印 次	2023年3月第1次印刷

出 版	吉林科学技术出版社
发 行	吉林科学技术出版社
地 址	长春市福祉大路5788号
邮 编	130118

发行部电话/传真　0431-81629529 81629530 81629531
　　　　　　　　　81629532 81629533 81629534
储运部电话　0431-86059116
编辑部电话　0431-81629518
印　刷　三河市嵩川印刷有限公司

书 号	ISBN 978-7-5578-9869-4
定 价	65.00元

前　言

　　新课改日益深化，教育部门十分重视信息技术，要求教师在信息技术教学中要改变教学模式，提升教学质量，让学生能够学习到更多的信息技术。在课改过程中，教学中也暴露出了一些问题，若是不能及时改善，就会影响教学效果。所以，教师要分析教学中存在的问题，并采取有效的措施进行解决，加强学生信息技术能力的培养。

　　当前在学科教学中，很多教师都重视理论知识的讲解，却忽略了学生的情感教育，让学生在学习中无法树立正确的价值观。还有一些教师对信息技术的理解比较片面，觉得学生可以完成计算机操作就可以，所以，经常会把计算机操作教学当作重点，只看重计算机操作技能方面的培养。这两种情况都比较极端，都会影响教学的有效性。

　　高考制度对于信息技术方面的考试的要求较低，这也让很多学校对学科教学缺乏重视，让学生也受到影响，缺乏学习兴趣。高中生要学习的内容有很多，有较大的学习压力，很多学生都看重主科的学习，而对信息技术学科的学习比较放松，考试及格就满足，并未把其当作一门基础技术工具进行学习，这也是学生信息素养不高的一个重要原因。可见，学生对于学科学习的观念存在偏差，没有学习热情，自然就会影响学生的学习效果。

　　新课改强调教师在教学中要注重学生的学习过程，打破以往只关注学生学习结果的模式，要把总结性评价和过程性评价实施融合，全面地对学生做出客观的评价。然而在信息技术教学中，还有一些教师并未深入的理解过程性评价，在教学评价环节中只看重结果，忽视了过程性评价，让教学发展为技术培训课程，和新课改要求不一致。

　　信息技术已经渗透在我们的生活和生产中，发挥着重要的作用，新课改对高中信息技术教学提出了新的要求，强调学生信息技术素养的培养，促进其个性化发展，所以，教师要积极落实新课改的要求，分析明确教学中的问题，采取有效的措施进行改善和解决，以提升高中信息技术教学的效率以及质量。

目　录

第一章　高中信息技术教学概述

第一节　高中信息技术教学中存在的问题

随着近些年来高中信息技术课程改革工作的陆续开展，国内大部分院校都开始着手于课程进程的调整与新尝试，取得了良好的效果。尽管如此，对比其他类型的学科而言，高中信息技术本身属于新兴学科，起步晚、内容建设不完善的问题十分突出，导致实际教学中暴露出各种各样的问题，无法满足新课程改革的相关需求，严重阻碍了学生学科素养的全面提升。为了进一步探讨高中信息技术课程优化策略，现结合具体的教学情况就暴露出的问题进行探讨。

一、新课改下高中信息技术教学中存在的问题

在新课程改革背景下，高中信息技术教学中逐渐暴露出以下几个方面的问题。

（一）对新课程改革认识不充分

对新课程改革认识不足是导致课程标准理解不深入的重要原因。基于高中信息技术的学科特征，提升学生的信息核心素养是教育的基本目标，这不但要求教师充分掌握学生的技术技能，还需要了解学生的学习效率、需求与个性，这样才能够搭建良好的教学桥梁，为学生开阔视野、增长见识，逐步增强学生的思考能力乃至解决问题的能力。就现阶段的教学环节当中，高中信息技术教师的理解认识不足，导致对学生的情感因素、价值观念因素引导不足，过分关注高中信息技术的培养与灌输，导致一部分学生失去学科学习的兴趣，也不利于后续的个人进步与发展。

（二）学生信息技术水平参差不齐

高中信息技术教学工作开展不顺畅一个重要的外部因素就是学生的高中信息技术素养参差不齐。由于学生来自不同的家庭，各个家庭对孩子的教育方式存在差异，导致学生对信息技术的熟悉程度各不相同。多年来，不同的地区、学校乃至同地区、同学校的

学生之间都存在明显的差异，在新课程标准改革工作陆续推进过程中，这种差异变得尤其显著。一方面，学生的自主学习能力存在不小的区别，一些学生长期适应于老师带着学生学的模式，如果直接根据新课程标准进行改革，那么难免会导致一部分学生无法适应快速转变的课堂学习模式，进而出现知识断层的问题；另一方面，学生对文字处理、图片与网页制作的敏感度不同，一些同学对这些知识接受能力强，上手学习很快，而另外一部分同学需要很多课时才能够理解其妙义。

（三）教师对教材理解不透彻

教师对教材的理解和掌握，直接决定了课堂教学的整体效果。一些教师对教材的理解限于教材本身，没有积极将教材内容进行拓展，导致学生的学习过程机械化、形式化十分严重。在高中信息技术教学中教师无法积极围绕学生的日常生活与学习，会导致学生对高中信息技术课程内容产生错误的评价，认为这些课程就是为了应付学习而学习，其本身并没有实际的用途，导致其后续再使用这些知识时还需要重新进行学习，需要耗费更多的精力和时间，显然没有达到高中信息技术教学的理想效果。

二、新课改下高中信息技术教学中存在问题的解决策略

随着新课程改革的陆续开展，高中信息技术教学中的许多问题亟待解决，主要归纳为如下几个方面。

（一）积极更新教学观念

积极更新教学观念，一方面需要充分研读新课程改革的标准与目标。作为高中信息技术教学工作者，需要充分理解新课程标准的改革精髓与内涵，积极改变自己的教育观念，了解教学的相关知识，选择合适的课程标准后再进行教学，这样不但有助于激发学生的学习兴趣，同时也可以引导学生主动形成良好的创新实践氛围，从而更好地满足课堂教学需要与需求。

（二）坚持教学以人为本

不同类型的学生在高中信息技术掌握能力、基本条件上是存在较大差异的，作为教师为了达到因材施教的效果，就必须结合学生个性差异的情况做好学生所处阶段的基本判断，这样才能够更好地结合课程的优势特征，开展分层教学模式，选择更适应的解决方案，解决个体差异。

（三）采取多元化的评价模式实施科学评价

多元化评价模式不但可以解决学生参与热情不高的问题，同样也可以推动新课程改

革工作的顺利开展。过去，传统的教学模式当中，教师更关注学生的学习结果，容易忽视过程评价的问题。实际上，许多课程采取过程性评价对教师的教学能力、整体评价经验都具有不低的要求，所以在进行多元化评价之前，需要优先提升自身的素质与业务能力，才能够更好地开展评价活动。目前多元化评价主要涉及如下两个方面：一是需要选择分层评价模式。分层评价的基础是充分了解学生的发展阶段以及新课程改革的客观要求，根据水平将学生划分为 A、B 等类别，以此来满足不同层次与不同类型的学习需要，解决学生的实际问题，更好地适应个性化的发展需求。二是做好分组合作学习模式的构建，关注教材而过分依赖教材，评价的内容也是来源于教材、高于教材，尽可能体现出过程评价的特色，甚至将学生生活中的高中信息技术掌握情况也纳入考察范围当中，从而在不经意间为学生树立理论与实践相结合的榜样，借助于榜样的力量来更好地呈现科学评价内容，为教学工作顺利开展创造条件。

综上所述，高中信息技术教学工作的顺利开展必须基于新课程改革的要求。结合相关教学现状来看，对课程改革认识不充分、学生基础参差不齐等问题都成为限制高中信息技术教学质量有效提升的重要因素。为了更好地满足高中信息技术的教学需要，除了积极更新教学观念之外，还需要突出以人为本的基本理念，关注教材的实用性、针对性，采取多元化的评价模式，以此来体现教学优势，满足学生不同层次的客观需求，为行业的稳定快速发展做出积极贡献。

第二节　高中信息技术教学新定位

高中信息技术学科与其他学科之间存在差异，其不仅要求学生具备一定知识、掌握一定技能，还要求学生掌握一定的实践技能，以此提升学生的学科综合素养。结合高中信息技术学科特点，教师在教学的过程中需要采用不同于其他学科教学的教学方式和手段，促使学生高效地学习信息技术。虽然高中信息技术教材较少，但是可以为学生提供良好的知识储备。基于此，高中信息技术教师一定要充分把握每一个教学环节，努力提高教学质量和效率。同时，这对高中信息技术教学定位提出了新的要求。

一、转变教师角色，充分发挥学生主体作用

在现如今时代背景下，随着新课程改革的不断深入以及素质教育的普及，教师的角色逐渐发生了改变，意在充分凸显学生的主体地位，提升学生的综合素养。但是，在以

往教学过程中教师仍处于课堂教学主导地位，不能充分发挥学生主体作用，也不能有效提升学生的综合素养。如果想要素质教育能够真正在高中信息技术教学过程中得以实施，那么教师首先应注重考虑新课程改革之后所提出的教学要求，以学生为中心，尊重学生的个性发展，只有这样才能够使学生的自主学习能力获得有效发展，同时培养学生的创造力。在高中信息技术课堂教学过程中，教师应注重为学生留有充分的思考时间，让学生能够发现问题，并且通过自己的思考解决问题，而在此过程中能够在一定程度上使得学生对信息技术的学习感兴趣。在教学过程中，教师还应充分发挥课堂教学组织者以及引导者的作用，给予学生适当的指导以及启发，促使学生的潜力得到更好的发挥，同时更好地拓展学生的思维。

二、尊重学生之间的差异，运用分层教学方法

各个阶段学生应用信息技术的能力存在差异，加上各种客观因素的影响，导致处于高中阶段学生的信息技术水平参差不齐，有些学生能够非常熟练地进行电脑基本操作，能够熟练地运用电脑上网，而有些学生可能会存在没有用过电脑的情况。这导致学生的信息技术水平存在较大差异，而在此基础上教师运用统一的教学目标进行教学，并不能够取得良好的教学效果。因此，教师应尊重学生之间存在的差异，科学合理地运用分层教学方法进行教学。具体而言，教师可以在课堂教学之前充分了解每一个学生的信息技术水平实际情况，然后在此基础上将学生合理分成三个层次。第一个层次为信息技术水平较高的学生：此类学生能够做到熟练操作电脑；第二个层次为信息技术水平一般的学生：此类学生接受过信息技术教学，并且具备一定的信息技术能力；第三个层次为信息技术水平较差的学生：此类学生很少接触到信息技术，不具备良好的信息技术能力，并且学习信息技术的兴趣不高。教师可以根据三个层次学生的不同特点设计不同教学目标。具体来说，教师可以为第一个层次学生设计发展性教学目标，要求学生在掌握知识的基础上能够获得一定发展；为第二个层次学生设计具备一定基础的教学目标，要求学生能够掌握信息技术知识；为第三个层次学生设计基础性教学目标，要求学生能够了解信息技术知识。

三、运用小组合作探究教学，营造良好课堂教学氛围

小组合作探究教学是新课程改革之后提出并大力倡导运用的创新型教学方法。运用小组合作探究教学能够更好地发挥出学生个别学习以及集体学习的优势，还能够有效调动学生的学习积极性和主动性，营造良好的课堂教学氛围。小组合作探究教学在高中信

息技术教学中的运用具体而言如下：首先，教师在课堂教学之前需要根据信息技术教学内容以及教学目标，以学生的信息技术水平认知能力、理解能力为基础设计相关的教学任务，促使学生在合作探究的过程中完成相关知识的学习。其次，在课堂教学过程中，教师应科学合理地将学生分成几个学习小组，要保证每一个小组都要具备信息技术水平较高的学生、信息技术水平中等的学生以及信息技术水平较低的学生，促使他们能够在合作探究过程中做到互相帮助、取长补短、共同进步。在分配好小组之后，教师应将学习任务下发给每一个小组，让学生在小组内通过沟通交流、合作探究的方式完成学习任务。由此能够看出，在高中信息技术教学过程中运用小组合作探究教学方法能够营造良好的教学氛围，最大限度地提高教学质量以及教学效率，还能够促使学生的合作能力、自主学习能力、探究能力获得更好的发展。

四、激发学生学习兴趣，培养学生信息技术运用意识

信息技术实际上属于一种技术工具。高中信息技术教学的主要教学目的就是要将信息技术作为支持终身学习以及合作学习的手段，进而为适应社会的发展以及今后的学习、工作、生活等奠定良好的基础。但是在现如今时代背景下的高中信息技术教学当中普遍存在学生为了学习信息技术而学习信息技术的现象，导致学生无法做到活学活用，在日常生活当中也不具备非常强的运用信息技术处理信息以及获取信息的意识行为，不能够将信息技术的工具作用价值充分发挥出来。建立在信息技术学科特点以及性质基础上进行分析，学生对信息技术学习容易产生兴趣，因此，在信息技术课堂教学过程中教师应注重启发学生的好奇心理，并在学生提出问题时耐心解答。与此同时，教师要注重鼓励学生的每一点进步，充分调动学生的积极性以及主动性，进而激发学生的学习兴趣，使得学生能够在会学以及学会的过程中不断获得进步，提高实践能力，最终获得良好的信息技术学习效果。在此过程中，为了能够增强学生信息技术运用意识，教师应注重将信息技术以及学生生活实际紧密联系在一起，让学生能够在生活当中感受信息技术，在学习信息技术的过程中体验生活，进而有效提高学生的信息技术运用意识。

五、明确信息技术学习软件，提高信息技术教学质量

处于高中阶段的学生一只脚已经步入大学生活，而在现如今时代背景下，大学生普遍都面临着就业的问题。不仅如此，现如今办公室普遍都会运用到信息技术软件，每一项工作都与信息技术存在紧密的联系，如果学生能够熟练操作必备的计算机办公软件，那么这种情况下能够在一定程度上提高学生的就业率。现如今办公室常常运用到的计算

机办公软件包括 Office、Photoshop、思维导图等等，因此，这些办公软件的学习应该在高中信息技术课堂教学过程中占据大部分的教学时间。另外，这些计算机办公软件的应用十分广泛，教师一定要注重充分了解这些信息技术办公软件，并且要熟练掌握这些办公软件的基本操作，不要只讲解空泛的理论知识，应该在有效的课堂教学时间内为学生拓展知识的深度以及知识的广度。另外，这些办公软件的操作需要学生学习理论，加强实践练习，并且要想做到熟练掌握，耗费时间比较长，因此在信息技术教学过程中教师一定要做到认真仔细、精益求精，努力扫清所有学生的学习障碍。当学生能够熟练操作这些信息技术办公软件之后，他们就能够在今后的生活以及工作当中实现有效运用。这能够实现高中信息技术教学的教学目标，提高整体教学质量，进而提升学生的综合素养。

六、加大实践操作力度，提高信息技术教学效果

在高中信息技术教学过程中，上机操作教学活动必不可少并且至关重要。信息技术理论教学以及信息技术上机操作教学二者之间的比例应该做到一比三。通过上机操作教学能够帮助学生加深对理论知识的理解，同时还能够加深学生对理论知识的印象。不仅如此，上机操作还能够增加教学的趣味性，能够最大限度地调动学生的学习积极性以及主动性，使得学生更加踊跃地参与到信息技术教学活动中。另外，只有上机操作，学生才能够真正理解信息技术教材当中包括的理论知识，才能够真正理解操作技术。值得教师注意的是，为了能够保证上机操作教学的顺利进行，教师一定要提前告诉学生计算机操作注意事项，并且要对计算机进行日常杀毒，为实操课的顺利进行提供有力保障。

七、及时开展教学评价，增强学生的获得感

在高中信息技术教学过程中及时开展教学评价，不仅能够让学生在学习的过程中体会到成功的喜悦，还能够让学生充分了解自己的信息技术学习效果以及不足之处，进而展开针对性的补救学习。由此可见，教学评价是航向标，能够为学生指明学习的方向。因此，在高中信息技术教学过程中教师应注重安排一个评价教学环节。在评价教学环节中对学生的学习作品进行展示，即使学生的学习作品是一个不理想的作品，教师也要注重找到这个作品当中或者学生在完成作品过程中的闪光点，并给予肯定以及表扬，进而让每一名学生都能够体会到信息技术学习的成功喜悦，以此建立学生学习信息技术的自信心，充分激发学生的学习潜能。除此之外，在评价环节，教师还要注重引导学生自主地针对学习作品进行评价，以此促使学生积极地参与到评价活动中，充分发挥学生的主体作用。这使得所有学生在评价的过程中都能够有所收获，不断提升自身的综合素养。

总而言之，高中信息技术教学处于发展的初级阶段，教学模式以及教学方法等并不完善，因此，在高中教育阶段一定要重视信息技术教学工作，使得信息技术教学能够充分发挥出作用价值。

第三节 高中信息技术教学的价值

以往，教师认为高中信息技术教学就是教给学生简单的文档处理与桌面图标认识，有时候甚至直接让他们在课堂上玩电脑游戏，这样不仅造成了教学资源的浪费，还给学生错误地传达出了信息技术学习不重要的观念。所以，提高高中信息技术在学生心中的重要地位是当前教师面临的一大问题。以下，笔者将对高中信息技术教学的价值和方法做浅显的探讨。

一、高中信息技术教学的价值

（一）与生活紧密地结合

随着互联网的大力普及，信息技术的应用贯穿于我们生活的方方面面。通信、交通、吃饭、娱乐等活动都可以通过互联网实现，这就为我们的生活带来了巨大的便利。工作方面同样也使用到了信息技术，比如 flash、ps、java 等程序的应用。可见，高中信息技术教学对学生的学习有着不可忽视的重要意义。如果学生掌握好这门课程的理论知识，便可以更加便捷地操作电脑，并将其应用到自己的实际生活中。

（二）与其他学科完美地结合

信息化时代的到来，使得多媒体教学在全国范围内得以大力推广。学校不仅开展了信息技术课程的学习，还将其应用到了其他学科的学习中。数学、语文、英语、历史、地理等各门学科都需要使用多媒体开展教学活动，比如 PPT、视频、word 等备课方式就需要信息技术的使用。如果教师不重视信息技术的教学，那么学生就不会更好地使用这些教学资源，从而降低他们学习的效率。所以，提高高中信息技术教学的质量是我们不容忽视的问题。

（三）与现代教育理念完美地结合

在推进中国教育改革的进程中，教育部要求学生"德""智""体"全面地发展，如果教师只注重他们的文化知识学习，而忽略了信息技术的学习，那么其学习生活就会变得单调乏味，纯粹是为了应付考试而学习。所以，信息技术的教学不仅会让学生的学习生活充满更多生活化的色彩，还使得他们的学习充满了更多的趣味，提高了他们的学习素质，完善了现代教育理念。

那么，如何更好地提高高中信息技术的教学效率呢？这是现代教师面临的一大难题。

二、高中信息技术教学的方法

（一）提高教师教学素养

很多教师对高中信息技术的教学很不重视，认为大部分学生的家庭中都有电脑，计算机的使用对于他们来说小菜一碟，所以在备课时也就不会认真地准备教学方案，自然而然学生的学习兴趣就会大大地降低。首先，教师需要具备信息技术教学重要性的意识，只有具备了这样的意识，才会付诸真正的教学实践；其次，教师要认真准备每堂课的教学方案，比如在学习"信息与信息技术"这章节的知识时，教师要充分了解信息的特征、价值、应用等各方面的知识，因为这章节内容的理论性较强，不能有半点马虎；最后，教师要不断地改进与完善教学方式，在摸索中不断地前进，以身作则，从而为学生树立一个良好的榜样，而不能认为某章节的知识内容简单，就采取敷衍忽视的态度。比如，在学习"文件的下载"这章节的知识内容时，有的学生可能通过平时的电脑操作已经掌握了如何正确下载文件，但教师不能为此就忽略本节内容，可以以学生的实际水平为基础对教学内容进行适度延伸，以此拓展学生视野，深化其对"文件的下载"这节内容的认知与理解。

（二）丰富课堂的教学内容

在往常的高中信息技术教学中，教师一般会选择在黑板上写板书的形式为学生传播知识内容，但这样的课堂形式枯燥、乏味，学生很难集中自己的注意力认真地听讲。所以，信息技术课堂最容易让学生窃窃私语、开小差。面对这种情况，教师就需要丰富课堂的教学内容，采取多种多样的教学方式，从而激发学生学习的兴趣，提高他们的注意力。况且，现在的教学资源种类繁多，这就为教师的教学提供了各种便利的条件。比如，在学习常用的应用软件时，教师可以采取实时在线操作的方式教学，即教师操作一遍软件的使用，学生重复教师刚才的操作，这样的教学方式既有效地利用了教学资源，还能督促学生的学习，有利于及时掌握他们学习情况。

（三）注重课下实践

提到"作业"，大部分学生的思维还停留在主要学科作业上，认为信息技术属于非应试教育的学科，根本就不用写作业。当然，很多教师同样有这样的想法，认为课堂授课对学生的学习已经有了足够的帮助,根本就不需要再布置课后实践作业。这样不仅不会充分地了解学生学习的真正情况,还会使得他们形成散漫的学习习惯,并不利于其积极、正确地对待信息技术这门课程。所以,教师要加强学生课下的学习实践,完善他们的学习理念。比如,在学习"网站制作"这章节的内容时,其涉及的教学内容实用性较强,虽然只是初步学习,但是对于高中生现有的知识水平来说,真正地掌握、操作起来还是不太容易,所以教师要布置课下作业,可以让学生亲自做一个简易的网站,从而来检验他们的学习情况。

高中信息技术教学对学生的学习有着举足轻重的作用,教师应该从根本上转变信息技术不重要的观念,切实将教育活动落实到学生的学习生活中。提高教师素养、丰富教学内容、注重课下实践,这三种教学方法相辅相成、缺一不可,教师要从实际出发,完善自身的教学模式,真正提高学生信息技术学习的主动性与积极性。

第四节 高中信息技术的教学改革

一、高中信息技术教学改革的必要性

首先,信息技术教学改革是时代的要求。我们已经进入互联网的时代,在我们广泛地应用网络的同时,网络也在潜移默化中改变了人们的生活方式,尤其是成为信息传播、数据存储的最主要载体和工具。信息技术属于专业技术内容领域,其本身发展速度快、更新迭代频率高的特性,也势必导致其在发展过程中需要不断地进行研究、探索,因此信息技术方面高素质人才的培养永远处于缺口状态。高中阶段正好是人才培养从"全面撒网"到"重点培养"的一个过渡时期,这一时期教学效果的好坏直接决定着未来信息技术方面储备人才的数量和质量。其次,信息技术教学改革关乎学生个人发展。互联网成为推动当今时代各方面发展所不可或缺的动力,也是 21 世纪发展的标志性符号,智能、互联是整个社会发展所追求的目标,所以不论是未来的工作还是生活,每个个体都处于互联网之中,都在应用互联网服务自身,并且创造更大的价值。结合当前社会行业发展实际来看,互联网相关的行业是朝阳产业,是世界各个国家经济发展的支柱性产业,也是人才未来就业具有光明前途的行业。最后,信息技术教学改革是素质教育教学创新的体现。众所周知,当前经过几十年的探索和实践,素质教育教学体制已经彻底地取代了应试教育成为我国各阶段学校教育的主流。素质教育围绕"素质"二字展开,在教学过程中关注学生本身，倡导以人为本的教学理念，一方面注重学生个体能力的构建，另一方面注重学科思维和学科素养的培育，进而围绕"教书育人"这一学校设立初衷来培养适应社会主义现代化建设的高素质、专业化人才。信息技术在以往素质教育教学体制下和音体美等艺术类学科同样不受重视，因为应试体制下的学校教育以考试为核心，强调的是考点和理论，忽略了能力和实践，进而导致学生在德、智、体、美、劳全面发展方面始终存在明显缺失。所以素质教育教学改革之初，就着重为非考试型科目正名，尤其是信息技术这门契合时代需求的学科，更是强调理论与实践教学两手抓，实现教学创新和改革。

二、高中信息技术教学改革创新的措施

做好课时分配，做到教学节奏紧凑、规划合理。首先，作为教师我们要立足于信息技术这门学科整体，根据现有的课时规划教学进度和教学节奏，充分利用好每周 1~2 节课的时间。那么这样就需要我们在教学过程中学会挑重点且串联重点。其次，我们还要做好每堂课的课时分配，尤其是根据教学内容突出重点知识，进而做到针对性的讲解和联系保证课堂教学节奏的环环相扣，实现教学效率的最大化。

丰富教学内容，实现课内课外相结合。首先，在高中信息技术教学方面，我们要立足课本，但要从中有所取舍，因此信息技术一般不作为考试科目，那么在教学内容的选择方面反而更具有灵活性。教材中所涉及的内容往往是最基础的，我们可以有重点地进行选择组合，让学生在课堂上打好基础。其次，在高中信息技术教学中，我们还要不断地结合信息技术发展的实际给学生进行课外拓展。尤其是互联网方面的最新成果，如当前的"5G""超导材料"等，让学生在学习过程中掌握最新鲜的内容，保持学习上的与时俱进。

以"教"带"学"，促进观念的转变。首先，在高中信息教学过程中，教师需要从自身出发，对信息技术这门学科在高中教育中的地位有一个正确的认知，学会用前瞻性的眼光去看待学科未来的发展。一方面，我们在教学过程中要时刻提醒自身，素质教育教学体系下，保持住所有学科同等重要的观念认知；另一方面在教学过程中学会换位思考，从学生的角度去探寻信息技术这门学科在其未来人生发展、社会交往过程中的作用，进而逐步形成人才培养要多样性发展的观念和认知。其次，在高中信息技术教学过程中，我们要以自身为媒介引导学生对信息技术这门学科有一个正确的认知。在笔者看来，最直观的方式就是在上课过程中直言信息技术学科对学生未来发展的重要性，因为高中阶段的学生已经形成了独立的个性和人格，具备判断是非对错的能力，所以着重表明的内

容反而更容易得到学生的理解和支持。同时在教学过程中，我们可以充分展示信息技术的实用性和趣味性，从而逐步培养学生对信息技术这门课程的兴趣，进而潜移默化地转变学科认知。

创新教学模式，重点培养学生的实践应用能力。首先，对于信息技术教学模式的创新来说，探究式教学是一项较为合适的教学模式。因为信息技术重在培养实践型、探索型人才，所以教学中的自主探究能够给学生一个自我发挥、畅想、创新的机会，从而锻炼学生学习自主性的同时，还能从小组合作、自主探究的过程中培养学生的团队合作能力。其次，在高中信息技术教学中，我们还要注重分层次教学。信息技术专业性突出势必会导致不同类型的学生在学习过程中呈现出不同的状态和效果，教师要具有发现学生潜力的眼睛，将学生按照能力和兴趣等因素划分为不同的群体，进而有针对性地设定教学难度和教学任务，尤其是注重开发那些有天赋、有潜力的学生，为我国信息技术的发展做好人才储备工作。

第五节　高中信息技术教学质量的提升

一、从学情出发，优化教学目标

对于高中生来说，他们的阅历较为肤浅，要对他们开展有效的教育教学活动，必须提出明确的要求，这样才能吸引他们的注意力，完成既定的教学目标。在高中信息技术课堂中，教师一定要明白，学习的目的不是让学生记忆或者背诵相关的理论知识，而是通过课堂的学习，他们能学会基本的信息技术应用。当下，信息技术已经开始普及了，很多高中生在家里已经接触到了电脑，只不过电脑的主要作用是娱乐，如听歌曲、玩游戏与看电影等。为了改变现有的状态，教师在信息技术课堂中要多引导学生，多宣传信息技术的正面作用，比如数字化办公、网络信息技术等。在对电脑的认知上，还让学生掌握一些信息技术硬件和软件的相关知识，最基本的如开关机、系统优化、软件更新等。

二、提升教师素质，提高学生的学习能力

近些年，随着我国社会思潮的变化、人们生活水平的变化，学校的教育也面临着一些新的情况。比如学情变了，高中生的思想趋于社会化，呈现出一定的功利性，他们对学习的热情不再那么高涨，而是有更多的思考；教学的内容也更加的丰富，教学媒介也

丰富多样，学生对知识也是选择性地学习和记忆，课堂不再是教师的"主席台"，而学生已经成为课堂教学的主体。实践证明，有效的课堂教学需要教师精心设计教学内容，优化教学过程，激发学生的学习能动性和自主性，让学生动起来。有效的课堂教学是需要教师的精心"教"和学生的有心"学"构成的，二者缺一不可，没有高素质的教师队伍，高中信息技术课堂的教学质量就很难提升，没有学生的主动学习和认真学习也不可能实现既定的学习目标，所以要想提升高中信息技术课堂的教学质量，必须抓好"教"与"学"这两个方面，具体来讲就是要想方设法地提升高中信息技术教师队伍的综合素质，特别是教学技艺能力，认真地落实新课改和素质教育的理念，实现课堂的回归，激发学生的学习主观能动性和学习自主性。

三、转变教学方法，创造性地利用和认知高中信息技术教材

针对普通高中信息技术教学面临的困境，要想改善现状，首先就应该不断地采取措施，提升教师的素质和质量，所谓学高为师。新课改下，信息技术教师应该具备素质教育和新课改的理念，能做到与时俱进，不断完善自身的教育教学理念和教学策略，这样才能提升教学质量。教师应该具备新课改的理念，激发学生学习的积极性。在我国现有的教育制度下，教师的教学方法略显陈旧，教学的内容更多地依附于教材。但是教材往往是全国版本或者是省上统一的版本，是整齐划一的，但是由于区域的限制，每一个地方的学生情况是不一样的，这样就造成教材教学和学生学习之间的矛盾。在新课改之后，一线的高中信息技术教学对教材的要求越来越高。根据这一教学实际情况的变化和需要，高中信息技术教师必须采取有效的对策，转变教育教学理念，依据信息技术教学和学生发展的需要适当地拓展教学内容，对现有的教材内容进行整合，以此来激发学生的学习兴趣，优化教学内容提升教学质量。作为高中信息技术教材的编写者，应树立新的教材观，在教材编写过程中应全力做到教材内容符合高中生的发展需要，不让教材内容流于形式化和程序化，而作为教学一线的高中信息技术教师来说，在使用教材的时候，应该以高中生为中心，在了解高中生的基础上结合实际整合教材，把烦琐的知识化零为整，变抽象为具体，让教师去创造性地利用教材而不是让教材牵着老师的思路往前走，这样的教学才是有效的，才是高质量的。

四、恰当的期望值定位，激发学习的主动性

高中生天性使然，在学习上行为习惯和学习态度都有待改善，所以教师应该正确地定位期望值，不要总以成年人的眼光和要求去看待他们，在信息技术课堂的教学过程中，

高中生有一些问题表现也是正常的，需要教师给予引导和正确的评价就可以了，切勿严厉批评、强加指责。高中生生活阅历肤浅，对自身行为的认知还存在一定的盲区，为此，教师在期望值的定位上要做到恰如其分，不宜过高。在教学的过程中，信息技术教师的表现和对学生的态度直接会影响学生的学习状态和学习兴趣。如果教师在教学的过程中是和蔼可亲的，对学生是缓缓引入，一步一步地慢慢指导的，对他们的要求是恰如其分的，学生就会感觉到课堂比较轻松和谐，那么学习的热情就会更加浓厚。如果在教学的过程中，老师对学生的要求极高，学生会感受到莫大的压力，他们就会对老师抱有怨言，在学习的过程中也会敷衍了事，师生之间会逐渐疏远、有隔阂，甚至产生一定的矛盾，这样对课堂教学适得其反。高中生有自身的学习心理和接受能力，那么在教学的过程中，信息技术教师就应该尊重高中生成长和发展的规律，建立恰当的期望值。高中生希望得到老师的鼓励，为此在日常的信息技术教学过程中，教师要巧妙地利用评价，激发学生的学习热情和学习兴趣。

五、整合网络学习资源，实现分层教学

对于高中生来说，他们个体之间是存在差异的，由于学习基础、接受能力、学习环境的不同导致学生学习信息技术的效果呈现巨大的差异。而在以往的课堂教学中，教师面对的是全班同学，讲授的内容是整齐划一的，无论是对学习能力强的学生还是基础稍差的学生，讲授的内容都是一样的，这样就造成学生个体的差异得不到尊重，如果成绩好的学生听到较为基础的知识，就觉得太简单，也提不起学习的兴趣，探究能力自然得不到提升；同样对于基础较差的学生来说，如果遇到的问题较难，超出了他们的学习能力之外，他们会感到学习的困惑，自然也提不起学习的兴趣。有效的课堂教学应该做到有教无类、因材施教，尊重学生的个性和情感，实现层次化的授课。网络的发展极大地促进了高中信息技术课堂教学的发展，可以实现层次化的教学。网络教学和学习在一些地区已经成为发展的趋势，所以在教学目标的设计上可以呈现一定的层次化。教师可以充分利用网上的大量信息，有针对性地对它们进行整合、分类。在设计练习时，教师可以利用网络资源设计出适合不同层次学生的活动，对不同的学生进行不同难度和不同量的训练，让学生自我控制练习进度，这样的层次化教学面对的是全体学生，所以对提升学生的整体探究能力是非常有帮助的。

第六节　高中信息技术教学的有效性

一、高中信息技术高效课堂的内涵

高效课堂的构建要求教师在课堂教学中能够采取科学的策略来促进教学效率的提升，从而确保学生的全面发展。高效课堂的发展不单单包含技能与知识层面的发展，还包括学生情感、态度与价值观的全面发展。在高中信息技术课堂教学的过程中，学生对信息技术的兴趣、学习的主动性等都是非常关键的因素，高中信息技术高效课堂的构建关键在于能够深入挖掘学生的潜力，让学生在实践操作和亲身体验的过程中获得进步与发展，从而培养并发展学生的信息技术素养。教师只有借助高效的课堂教学活动，才能不断提升高中生的逻辑思维能力和自主探究能力。

二、高中信息技术高效课堂的构建策略

（一）实施差异化教学

高中信息技术教师所设计的教学策略必须结合不同学生的实际情况，实施差异化教学，坚持因材施教，为各个阶段的学生提供良好的学习机会。教师要引导学生进行互助学习，借助学生之间的相互帮助，提升课堂教学效率。如在教学"多媒体技术"这部分知识的过程中，教师应当为学生呈现出各种多媒体作品，引导学生对组成这些作品的元素加以分析。首先，教师可以发放一个表格，让学生在仔细观看后进行填写，在这一基础上为他们展示程序语言、流程图及时间线等工具，并按照同质分组规则对班内学生实施分组，让他们能够在相互帮助的过程中完成多媒体作品的设计制作，并围绕一种工具深入探讨。差异化教学的设计必须充分照顾到班内不同学生的实际水平，让所有学生都能够有所收获。

（二）组织开展课堂游戏

教师在课堂上可以组织一些课堂小游戏来调动学生的参与积极性，从而让整个课堂充满乐趣。比如，在教学"如何使用搜索引擎"这部分知识的过程中，教师为学生布置如下任务：搜一搜什么是搜索引擎？搜索引擎分为哪几种类型？比较常见的搜索引擎有哪些？当学生在自己动手搜索之后对搜索引擎有了基本的认识，教师再设计竞赛游戏，要求学生分组搜索电影《流浪地球》的剧情介绍、搜索中国地图并利用搜索引擎查看北

京到上海的距离，看看哪个小组最先完成这几项搜索任务。教师通过游戏活动目标的设置把搜索引擎的应用融入课堂教学中，使学生能够在实际动手操作的过程中对搜索引擎有更加深入的了解，同时提升整个课堂的教学效率。

（三）实施小组合作学习

第一，高中信息技术教师必须转变过去那种满堂灌的教学模式，主动更新自身的教学观念，对小组合作学习理念予以充分整合，同时严格按照小组合作与差异化管理的原则，对班内学生实施合理分组，开展分层管理教育，进而更好地调动高中生的学习自主性与合作探究的积极性；第二，教师必须引导高中生树立合作理念、认识到团队协作的重要性，引导学生在组内成员的共同帮助下通过查阅资料的方式来完成学习目标，促进学生学习积极性的提升，确保教学质量；第三，教师应当对小组合作中的相关因素予以充分控制，选择合适的时机进行引导。比如，在教学"动画制作"相关知识的过程中，教师要求各个小组自己选择任务并进行分工，自行完成任务确定、资料搜索、步骤设计等准备工作，小组内通过沟通协作来完成动画制作。如此一来，既能提升学生的课堂参与度，同时还有助于培养学生的实践操作能力。

（四）精心设计教学内容

教师要精心设计教学内容，以促进自身教学效率的提升。如在教学"Flash 基础操作"的过程中，教师在课堂教学中必须注重师生的沟通与互动。首先，教师可以给学生亲自示范 Flash 的规范操作，同时把自己制作的作品呈现给学生，当学生看到这些精美的动画后，注意力就会集中起来，都想要亲自动手来制作。此时，教师可以结合学生的具体情况来为他们设计一些简单的操作任务，从而引导他们把刚刚学习到的知识应用到实践中，当学生完成制作之后，教师通过学生互评的方式选出最佳作品并予以鼓励。

高中信息技术教师应当不断创新教学方法，致力于培养和提升学生的信息素养，坚持实施差异化教学，引导学生将信息技术知识真正应用到实践中，从而实现信息技术高效课堂的构建。

第二章 高中信息技术教学模式研究

第一节 高中信息技术分层教学模式

高中信息技术是一门综合性和专业性较强的学科，能够教给学生非常实用的知识。高中信息技术的教学内容不仅仅是理论知识，更是与生活实际紧密联系的知识。学生学习这门课程，可以深入了解信息化的含义，利用信息技术解决实际问题，跟上时代的步伐。然而，由于高中生面临高考的压力，很多学校对信息技术教学不够重视。而分层教学法的出现很好地解决了这一问题，很多学校和教师开始重视信息技术这门课程，因为信息技术能够提升学生的综合素质，有助于学生养成正确的学习习惯，让学生均衡成长。很多学生在信息技术学习过程中，树立了学习信心，激发了对学习的兴趣，挖掘了自己的潜力，变得更加富有生机和活力。

就目前的教育情况来看，一些地区的学校对信息技术的了解还不够全面，信息技术在一些地区也不够普及，教师对信息技术一知半解，并没有系统的教学方式，教学思维也比较落后，没有对培养学生的信息技术引起重视，甚至有一些教师认为培养学生信息技术能力是一件浪费时间的事情。人们普遍认为，高中生最首要的任务是高考，高考的压力让很多学生、家长及教师都倍感压力和紧张，因此，大多数教师仍把学生的理论知识和分数当作唯一的教学目标。信息技术这门学科在高考中不计入分数，也没有纳入高考科目，因此，很多教师不重视对学生信息技术的培养，甚至有一些学生对信息技术课程感兴趣也会被教师阻止、批评。学校、教师和家长的不重视，必定会导致学生信息技术能力的缺失和学习兴趣的丧失，学生升入大学后也不能很好地应用信息技术为生活增添色彩、提供帮助。

一、高中信息技术应用分层教学的作用

首先，教师将分层教学应用于高中信息技术教学中，可以有效提高教学效率。每位学生都是一个独立的个体，有其独特的心理特点，因此，教师要根据学生的不同特点，

制定不同的教学目标、运用不同的教学方法、因材施教，这样可以让学生更容易接受，使不同层次的学生都能有所提高，从而提升信息技术教学质量，提高课堂教学效率。其次，将分层教学应用于高中信息技术教学中，可以有效激发学生的学习兴趣，激发学生主动学习的欲望。分层教学法根据不同的学生特点进行不同的教育，有效缓解了一些学生因跟不上学习进度而产生自卑或者烦躁的心理，能让每位学生体验到学习信息技术的乐趣，找到自己的价值，从而有效挖掘学生的潜在能力，激发学生学习的主观性和积极性，培养学生的学习兴趣。最后，将分层教学应用于高中信息技术教学中符合新课程改革的教学要求。新课程改革要求教师以学生为学习的主体，以学生综合发展为核心，对学生进行引导式教学。分层教学法充分尊重学生的学习主体地位，对于学生来说，具有很强的针对性，更有利于将学生培养为综合型人才。

二、高中信息技术分层教学模式的应用实施

（一）对学生进行合理分层

要想在高中信息技术中科学合理地应用分层教学法，发挥分层教学法的最大价值，教师最基础的工作就是将学生进行分层，同时注意对学生的分层要合理有序，不能随意分层。在实际教学过程中，教师要对学生进行深入的了解，不仅要了解学生的认知程度、知识基础，而且要了解其心理状态、兴趣爱好等多方面的情况。通过对学生进行多方面的综合评价，教师可将学生大致分为三个层次：将接受能力强、有一定的信息基础、学习能力好的学生划分到第一层；将学习态度良好，但是接受能力一般的学生划分到第二层；将学习态度懒散、对信息技术了解不够全面的学生划分到第三层。教师需要特别注意的是，对学生大致分完层次之后，要向学生说明分层的含义和目的，并说明这只是暂时的分组，会随时根据实际情况调整，要避免学生产生心理落差。之后教师在信息技术教学中对学生的座位进行合理分配，促使教学活动顺利进行。教师只有对学生进行合理分层，开展有目的性、有针对性的教学，才能最大限度地提升学生的信息技术水平和自主学习能力。

（二）对课堂教学内容进行分层

对学生进行合理科学的分层之后，教师就要针对不同层次的学生设计不同层次的教学内容。针对同一个教学任务，教师应对不同的学生设计不同难度的训练要求。针对第一层次的学生，教师要给学生预留足够的空间，让学生充分发挥学习的自主能动性；针对第二层次的学生，教师可以让学生自主选择学习方式，可以自主学习，也可以合作研究，遇到不明白的地方可以向第一层的学生寻求帮助或者向教师提问，循序渐进，慢慢

提升信息技术能力；针对第三层的学生，教师要给予学生足够的耐心和爱心，对学生的进步要进行适当的表扬和鼓励，让学生知道自己是可以完成学习任务的，使其找到自身价值，从而提升信息技术能力。

（三）对学生的学习评价进行分层

教师在信息技术的教学过程中，不仅肩负着传授学生理论知识的责任，还应对学生进行正确的评价和指导，告诉学生哪里做得好值得鼓励，哪里做得有所欠缺需要改正和加强。教师对学生的成果评价是信息技术教学过程中不可缺少的重要环节。教师要明确，信息技术是一门实践意义较强的学科，不能仅仅依靠理论知识进行教学。传统的教学模式已经不能满足学生对知识的需求，教师在教学中要根据学生任务完成的具体情况来对学生进行合理的评价，而且评价要体现针对性、差异性和认同性。评价环节能帮助学生对所学知识进行再一次理解，加深学生对知识的记忆，避免其在以后的学习中出现同样的错误，是对学生学习和成长负责任的表现。

综上所述，教师在信息技术的教学中应用分层教学法，能够有效缓解学生学习水平和信息技术能力两极分化的严重性。在实施分层教学法的过程中，教师要尊重每位学生的个体差异化，因材施教，有针对性地设计教学内容。这对于学生来说，可以满足不同学生的知识需求，增长学生的见识，让学生在学习中找到自身的价值，提升学生的信息技术综合能力；对于教师来说，可以提升课堂效率、优化教学水平。分层教学模式并不是对学生的歧视教学，而是寻找最适合每位学生的教学方式，帮助学生最大限度地学习知识，提升信息技术能力。

第二节　高中信息技术自主教学模式

随着新课程改革的进行，以及信息技术在社会发展中的重要作用，信息技术学科的教学也日益受到社会各界的重视。笔者任高中信息技术教师多年，通过在教学中采用自主教学模式获得了不错的效果。以下，仅从两方面进行简要的论述。

一、高中信息技术采用自主教学模式的必要性

当今社会是一个信息化的社会，而且其程度还在不断加深，信息技术的应用已经成为 21 世纪人才必备的能力。在高中信息技术教学中应该采用自主教学模式，培养学生的实践操作能力。采用这一教学模式的必要性主要有以下几点：

（一）信息技术学科自身的特点决定的

实践性是高中信息技术课程最主要的特征，只有让学生进行大量的实践操作，才能达到真正的掌握。如果依旧是教师做、学生看，而缺少了"学生做"这一关键性的环节，即使教师示范得再好，也无济于事，于学生能力的提高没有任何帮助。基于信息技术的这一学科特点，我们必须带领学生亲自上机操作，理论联系实践，使学生更易于掌握知识要点、操作技巧。

（二）信息时代发展的必然要求

中国已逐步进入信息时代的高速发展时期，整个社会的信息化程度日益增高，信息技术学科也一改以往不受重视的面貌，在教学中的地位有所提高。21世纪，信息技术是每一个人都需要掌握的基本技能，其重要性毋庸置疑。为此，我们迫切需要在教学中做出改变，尊重学生的主体地位，既多加引导，也要给予学生自我发挥、独立学习的空间，把握好度，最大限度地发挥独立教学模式的优势。

（三）社会对人才衡量的标准决定了采用自主教学模式

社会在发展，时代在进步，人才的衡量标准也在悄然发生着变化，更加注重实践的综合能力和水平也成为人才衡量的主流。在这一新的形势变化下，对教师教学模式的选择也提出了挑战。当前，自主教学模式已成为教师使用的主要教学模式之一，也是培养学生实践能力的重要途径。因此，高中信息技术采用自主教学模式是非常必要的，也是社会发展的大趋势。

二、高中信息技术自主教学模式的实践策略探究

（一）适当放手，给学生自由发挥的空间

在教学中，我们必须学会妥善放手，给学生时间和空间来发展自己、建构自己。此外，课堂教学过程由老师和学生统一完成，这两者是不可或缺的，学生参与课堂的程度取决于教师放手的程度。

例如，在教学"文本信息的加工"的过程中，笔者首先从课堂的角度问学生：我们生活中的常见文本是什么？学生：通知、信件和广告标语等，然后学生可以自由使用不同的软件，如 Word、WPS、写字板来处理文本信息。学生结合自身以往的软件使用经验，选择了不同的软件进行文本信息的处理。在选择操作软件和学习的过程中处理文字信息，他们是按照自己的意愿选择和操作的，在这个过程中，给了学生自由发挥的空间，有利于提高学生的积极性和主动性。

（二）借助多媒体，激发学生学习兴趣

学生在课堂上的学习一方面取决于教师的有效指导；另一方面，如果教学内容基于学生的学习兴趣，学生在课堂教学中的表现就越好。因此，要想让学生进行自主学习，第一要务是激发学生的学习兴趣。近年来，信息技术的不断发展促进了我国教育事业的发展，尤其是多媒体教学已成为教师教学不可或缺的一部分。

例如，在教学"智能信息处理"这一节时，我们可以通过借助多媒体实现自主教学模式的构建。课前，教师需要准备好多媒体课件，课上通过课件向学生展示"人工智能"发展的历史，通过"人机大战"，引导学生探讨"人工智能"的实质内涵。这一过程中，通过多媒体课件淡化了教师的角色，突出了学生的主体地位，从而实现了自主教学模式的构建。

（三）小组教学，培养学生自主探究能力

众所周知，当今社会对人才的需求不仅限于学生的理论水平，而是更加注重学生理论联系实践的综合能力。因此，这要求教师在教学过程中妥善处理好理论与实践教学的比例，使学生既掌握良好的理论基础，还可以有效地培养学生的实践能力。下面，我们就来探究一下。

例如，使用 frontpage 建立站点，添加新的网页和材料文件夹。在教学这些内容时，笔者采用了小组自学方法进行教学，将全班学生分为四组，每组选择一个主题，然后让学生自我规划工作、收集材料，然后限制时间，允许学生在有限的时间内快速收集和操作。在这个过程中，教师只需要发挥自己的指导作用即可。通过以上的方法，在规定的时间内，小组成员集思广益、通力合作，在规定的时间内完成了学习任务。

总而言之，自主教学模式非常适用于高中信息技术教学，希望诸位教师能够加深对自主教学模式的认识，通过构建自主教学模式的能力，使高中信息技术教学越来越好。

第三节　高中信息技术情境教学模式

信息技术作为一门实践操作性强且较为年轻新颖的课程已被广泛应用于现代高中课程中，并在教学实践中取得了良好的效果。如何将现代素质教育理念贯穿于高中教学之中，最大可能地发挥信息技术课程的优越性，调动学生的主观能动性，是高中信息技术教师关注的焦点。将情境教学模式应用到信息技术课程中去，是有效提高教学效果的较佳选择。正视现存问题，分析其原因，探寻改进情景教学模式的对策，对今后进一步提

高高中信息技术课堂教学效果具有重要的理论和现实意义。

一、高中信息技术情境教学模式及其意义

随着新课改的全面实施，信息技术课程的学习目标在不断要求学生掌握本专业基础知识的同时，对教师和学生也提出了新的要求和挑战。一方面通过学习要求学生具备一定的信息意识，以及处理信息的实践能力；另一方面对教师的授课也提出了新的教学准则，即如何调动学生的主动性，使学生变被动学习为主动学习，成为学习的主人。实践中发现，将情景教学模式运用于信息技术课程是提高其教学效果的有效途径，也是教师在教学中提供可靠教学策略的有效方式。

情境教学模式是指在课堂教学过程中，教师有目的地为学生创建与信息技术课程相关的情境，其核心在于激发学生的内心情感，发挥学生的主观能动性，在发展学生的创造性思维和探索精神方面有一定的积极作用。经常采用的情境主要有：故事情境即在教学中引入故事，适应学生的需求，吸引学生的注意力，提升学生学习的兴趣；音乐情境即通过用学生关注的流行音乐，吸引学生的注意力，使学生在愉悦轻松的环境中，顺利完成学习任务；问题情境即由教师在教学中根据教材内容，利用问题创设情景，从而激发学生产生强烈的求知欲，激发浓厚的学习兴趣所采取的一种教学手段。

在信息技术课程中采用情境教学模式具有重要的意义。一是能够明确学生在课堂学习中的核心地位，最大限度地调动学生的主观能动性，充分体现"以生为本"的理念。采用情境教学模式便于营造一种不同于传统教育模式的新型学习氛围。在这种氛围中，学生能够从枯燥的书本学习的桎梏中摆脱出来，使其置身于一种轻松愉悦的学习情境中，学习兴趣和潜力能够得到很好的发挥，独立思考和独立解决问题的能力也能够得到较快的提高。二是能够使学生的课堂学习与社会实际相结合，从而达到培养学生解决实际问题的能力。信息技术课程的教学目标不仅要求学生学习书本上的基本理论，更重要的是要培养学生的实际操作能力和解决现实问题的能力。在信息技术课堂教学中运用情境教学模式，就是为了使学生在近似社会生活的情境中发现、探索和解决问题，增强动手操作的能力，从而锻炼学生解决实际问题的能力。

二、高中信息技术情境教学模式中存在的问题

情景教学模式应用于信息技术课堂教学中极大地提高了课堂教学的有效性。而在现实中，高中信息技术情境教学模式在运行中仍存在一些问题。

（一）教师对情境教学模式的运用能力不足

在情境教学模式的应用中，教师是掌控一切学习模式的主宰者，课堂教学质量的好坏主要取决于教师对情境教学模式的运用能力。在信息技术课程中，一些教师对情境模式缺乏深刻理解，实际设计不熟练，问题设计形式比较单一，过于追求问题数量而忽略其质量等。这些问题的存在说明对情境教学模式的运用偏离本质，阻碍其特色的发挥，同时也成为激发学生兴趣、调动学生主动性的羁绊。教师对情境教学模式的运用能力是影响情境教学能否顺利开展并发挥其有效性的重要因素，需要教师在日常工作中不断强化对情境教学模式的驾驭能力。

（二）情境创设缺乏科学性

为了积极响应教育改革的号召，大多教师能够主动将情境教学模式应用到信息技术课程中，并且在课堂中多以设置问题的方式创设情境。但在实际中却发现，对于创设问题式情境有的教师不能针对教学具体内容提出有科学性的问题；有的教师在设计教学情境时所使用的问题情境十分陈旧，缺乏新鲜感；有的教师对问题的设置如空中楼阁，脱离社会实际生活。如此情境问题很难激发学生的兴趣，锻炼学生的实际操作能力更无从谈起，这样下去情境教学模式和以往的教学方式没有实际区别，情境教学模式也就失去了其本身的意义。因此，情境创设的科学性是影响课堂效果的关键，教师要在此方面下工夫。

三、改进高中信息技术情境教学模式的途径

（一）增强教师对情境教学的掌控力

教师是推进情境教学模式应用的主要动力，其对情景教学模式的掌控能力对信息技术课程的教学质量起着至关重要的作用，掌控力强则课堂效果佳，掌控力弱则课堂效果差。教师在运用情景教学模式时，首先，要深化思想认识，强化对本学科的理解认识，深刻把握情境教学模式的内涵，能够在教学中熟练运用情景教学模式，将其贯穿于教学始终。其价值不单单是引起学生的兴趣，帮助学生理解抽象知识，激发学生的学习欲望，而且有助于将理论运用于社会实践中，解决生活中所遇到的实际问题。其次，要注重自身素养的提升。情境教学模式的运用需要信息技术课程教师具备深厚的知识底蕴、扎实的专业知识、丰富的社会洞察力以及较强的信息掌控力，这些都需要教师坚持不懈地学习，提高自身的整体素质，增强驾驭课堂情景教学模式的能力。最后，要重视教学方法的改进。教师在创设情境时，大多使用多媒体课件呈现教学内容，这种单一、固定的方式往往会降低教学效果。教师应注重采用多种情境创设方式，来改变只使用多媒体对学

生所带来的视觉疲劳以及思考问题的简单方式，从而达到调动学生的积极性、活跃课堂气氛的效果，使学生更容易参与到学习中，体验学习的快乐。

（二）提高情境创设的吸引力

在整个教学中教师承担着组织者、指导者和促进者的角色，教师要充分利用情境、协作的方式发挥学生的主动性。信息技术课程中有较多晦涩难懂的概念和原理，学生学起来枯燥乏味，难以保证学生的良好学习状态。教师要在情境创设上下功夫，紧紧抓住学生的眼睛和头脑，调动起学生学习的主动性，使学生自愿与教师共同完成课堂教学。充分发挥学生的主观能动性，培养其主动学习的习惯是情境教学模式中最有效的学习方式。把情景与学习结合起来，通过情境的设置来调动学生的主动性，使学生置身于情景中去观察、分析和发现问题，从而达到自我解决问题、培养自身能力的目的。

（三）培养学生的主动学习力

学生的主动学习力即学生自觉学习的动力，主要强调通过在学习原有知识的基础上去积极主动探索实践新的教学知识。因此，教师要积极构建引导学生创建新知识的教学方式，这样的教学方式不再只是单纯地将教师当成知识权威的象征，而是将教师作为学生学习的引导者。教师在引导学生学习的基础上，培养学生自主学习的习惯。在信息技术课程中，教师可以通过构建引导学生创建新知识的教学方式，来培养学生的主动学习力。

良好的学习方法可以使学生学习愉悦，课堂效率倍增。实践性较强的信息技术课程，要遵循"以生为本"的原则，通过运用情境教学模式来调动学生的主观能动性，使课程学习变得轻松愉快。

第四节　项目学习与高中信息技术教学模式

高中信息技术课程是培养学生信息素养的重要基础。学生需要不断地实践和探索进行信息的获取、处理、表达和交流，进而促使教学质量有效提升。因此，教师要切实有效地运用项目学习帮助学生养成良好的信息技术思维，促使其能够获得全方位的综合能力。

一、基于项目学习的教学模式概述

项目学习是一种新型的教学模式，主要通过对真实问题的研究和实践进行多角度的学习。教师要把握学生的生活实际和个性发展拟定具体项目，使学生能够在自觉主动、协同合作、反思总结的学习过程中，深化对课程内容的理解和掌握。这种依附具体实践的项目操作，可以有效培养学生的实际操作能力，加强其对知识体系的运用和分析，是目前高中信息技术教学中需要重点把握的方法。其教学形式主要包括：选定项目、设计项目、作品制作、成果展示与评价。教师需要在此过程中做好有效的引导，并将学生作为学习的主体，充分调动学生的参与度和积极性，实现有效的课程学习和知识掌握。

二、在高中信息技术课堂教学中运用基于项目学习的教学模式的必要性

基于项目学习的教学模式，能够较好地适应高中信息技术课堂，充分发挥教师的引导作用，体现学生的主体地位，有效践行素质教育教学理念，不断提高学生的信息素养。这种教学模式能够帮助学生获得有效的体验感和成就感，让学生在自主探究和思考中，积极投入项目研究，并实现良好的合作与交流，进而提高作品质量。教学实践是展开良好信息技术教育的关键。只有不断创新和深化细节，才能保障学生的全面学习和健康发展。项目学习是课堂教学中的重要环节，教师需要不断探索和创新，促使每个学生都能够获得知识技能的有效提高。

三、基于"项目学习"的高中信息技术教学策略

（一）选定项目

项目确定是整个教学中的重要开端，教师要把握学生的实际情况和个人能力，选定具有科学性、合理性、有效的项目，同时要充分尊重学生的意见和要求，在具体实践操作中发挥学生的自主创造优势。在这种具备实际应用效果的项目选择中，教师能够充分把握学生的需求，展开具有价值的项目主题研究，使整个项目操作能够发挥出有效的教学效果。同时，教师要引导学生自由分组，通过民主选举来确定组长，使项目操作过程实现清晰明了的分工和规划。

（二）设计项目

项目设计需要充分体现生活实际，让学生在兴趣的引导下展开有效的学习和实践。因此，教师要充分把握学生的知识技能和个人思维，进行复合教学目标的项目设计，以此保障整个项目能够顺利完成。学生需要对项目时间和活动计划进行合理安排，促使整个项目的进度能够得到有效控制。并且，制订计划时需要考虑学生的可控制和可调节功能，要切实有效，让学生有效开展项目学习和实践，同时也有助于教师后期对项目的评价。

例如，在"节能环保"主题网站的项目中，首先，教师可以加强对学生信息技术知识技巧和思维方式的训练，通过有效的资源整合解决问题，不断渗透信息素养。环保节

能项目贴切学生的生活实际，能够获得大多数学生的认可和支持，这也是提高学生参与度的重要因素。其次，教师要引导学生合理利用网络信息、文字处理、动画制作等工具进行项目设计，可依据课本知识构建具体的研究问题，并通过小组合作的方式解决实际问题。学生可以根据已经掌握的操作技能进行项目实践，比如加入视频、声音进行网站加工和表达，实现良好的项目设计，提高学生的信息技术学习能力。此外，应用这种软件的教学实践，需要不断深入研究，通过增强学生的思想意识来提高学习能力，丰富实践经验。

（三）作品制作

学生在作品制作过程中需要通过有效的分组合作来进行，运用信息技术知识与技能来完善作品。学生在项目作品制作过程中，需要重点把握学习任务和要求，实现对前期问题的研究和解决，从而在主动意识的驱使下产生学习的强大动力。教师可以让学生进行形式丰富的成果展示，通过网页软件、演示文稿、研究报告等形式总结作品制作过程和成果，从而准确掌握学生在项目实践中的知识技能应用，进行良好的指导和监督，促使学生的项目实践获得更多的知识储备。

例如，制作"节能环保"主题网站的具体项目时，教师可以引导学生设置网站封面以及内容，通过设计标题、导航、内容、链接等功能，优化整个网站设计。同时，学生需要利用网络资源进行有效信息的收集，通过加工和整合生成有效素材。并且，要配合各应用软件的使用，丰富项目制作内容和形态。除此之外，教师要在具体的项目制作中引导学生发挥团队合作的力量，促使学生明确分工协作，让学生收获信息技术知识和实践并综合提升高中信息技术教育的质量。

（四）成果展示

作品制作完成后，有效的展示和交流能够达到相互学习和借鉴的作用。教师可以引导学生积极展示作品，在分享的过程中提高学习成就感，不断增强学生学习的积极性和主动性。同时，教师要适时点评，把握学生项目完成的具体思路和技巧并进行有效的总结、指导，让学生在作品交流和沟通的过程中学众人之长，达成良好的信息技术教育教学目标。

例如，教师可以通过"节能环保"网站设计交流会，让学生感知和反思项目过程，加强对项目学习重点的把握。并且，通过交流互动的形式，可以让学生明确自身的不足，在以后的学习中扬长避短，发挥主观能动性，加强其对高中信息技术的学习和探索。

（五）评价

项目学习评价机制是学生需要重点把握的关键环节。形成性评价和总结性评价能够帮助学生提高对信息技术学习的兴趣和热情。教师要有效把握学生表现、实践情况、合作能力等，使学生能够提高学习的自信心和积极性。此外，教师在进行评价的过程中，需要丰富具体形式，通过有效的教师评价、学生互评、自我评价提高评价体系的客观性和综合性，不断增强学生的应用意识和实践能力，进而提升我国高中信息技术教育的质量和水平。

综上所述，基于项目学习的高中信息技术课教学，能够帮助学生有效开展项目学习和作品制作，并且在信息收集、加工、表达过程中提高学生的参与度，增强合作意识，不断发挥主动意识探究项目学习的具体问题，促使每个高中生都能够在实践活动中发展信息素养。

第五节　翻转课堂与高中信息技术教学模式

传统信息技术课程教学大多通过教师板书并结合教学课件的形式，以课堂讲授的方式完成教学过程，学生被动地接受教师的讲解，然后按照要求完成课后知识点巩固和课后作业，这种传统"先教后学"的模式在一定程度上限制了学生学习效率的提升。基于翻转课堂理念下的信息技术教学有效加强了学生和教师在教学过程中的沟通与交流，学生通过在课余时间观看教师提前制作好的教学视频，既可以自主地完成新课预习同时也可以为课堂教学预留出更多的交流学习时间，对提升课堂教学效率和学习质量具有积极的促进作用。

一、翻转课堂的特征和在信息技术教学中的优势

翻转课堂是一种基于现代化教学理论的信息化教学策略，在教学实践中打破了传统课堂教学单一讲授型授课模式，为学生自主探究学习、发展个性化学习以及合作学习提供了良好的课堂保障。就教学实践而言，在进行翻转课堂教学的过程中教师首先根据课程教学的需要，录制相关的教学视频，并上传至校内网或者线上学习平台，学生在课余时间或者家中可以自主地访问进行线上课程的学习，提前预习新课教学内容并将学习中的疑问在线反馈到线上平台；在课堂教学过程中教师根据学生自主学习的情况以及线上问题总结，针对录制好的教学内容进行更深层次的教学交流和疑问解答，突破学生学习过程中的难点内容，以此完成相关的课程教学过程。

（一）翻转课堂教学的特征

翻转课堂教学理念与传统教学形式有着本质上的不同，其教学特征主要表现在以下两个方面：一是教学过程中师生角色发生了转变。传统形式的课堂教学大多通过教师的讲授完成教学过程，在学习时学生被动地接受教师讲授的内容，教师作为课堂教学的主导者，占据了课堂教学大量的时间，学生处于被动接受教学的地位。区别于传统教学模式，翻转课堂理念下的教学过程教师转变了课堂主导者的教学角色，在教学中发挥着学生学习主导者和促进者的作用，学生处于课堂学习的主体性地位。翻转课堂理念下学生可以根据教师提前制作好的教学课件和自己的学习实际情况，自主地控制学习进度以及学习时间，极大程度上满足了学生个性化学习的需求，在学生学习过程中教师会适时地给予学生学习指导和点拨，充分发挥学生的自主学习能力，便于学生更好地获取学习资源应用信息化知识。二是教学流程发生了转变。传统课堂教学过程是通过"先教后学"的模式完成教学过程，学生在课下完成作业与巩固进行知识的内化和吸收，以加强课堂教学的质量。在整个学习过程中学生内化吸收知识的过程是整个教学的重点。与传统教学形式不同，翻转课堂理念下的授课方式是通过课下学生接触学习知识，课堂上完成内化与交流的过程，借助线上资源在课下完成预习，课堂上通过师生交流、探究学习完成课程的学习和知识的内化吸收。

（二）翻转课堂在信息技术教学中的优势

一是有助于凸显学生个性化学习特征。借助线上教学视频的指导教学不仅可以充分发挥学生在学习过程中的主观能动性，同时可以根据学生的学习情况适时调整学习进度，更有助于不同学习基础的学生进行个性化的学习。在传统课堂教学的过程中受课堂教学时间的影响，教师在教学过程中无法充分考虑到学生的学习能力和学习兴趣爱好，教学过程缺乏一定的针对性。翻转课堂理念下的信息技术教学更加注重学生在学习过程中的能力区别，极大程度上满足了学生个性化学习的需要，在面向全体学生教学的同时兼顾分层教学的需要，学生可以依据自己的学习认知情况，自主控制视频学习进度，针对不理解的知识点可以选择反复地观看教学视频，以加深理解程度。同时对学习基础较好的学生可以预留出更多的学习时间去进行拓展个性学习需要，充分发挥学生个性化学习的优势。

二是有助于构建和谐的"教""学"关系。翻转课堂教学模式对构建新型的教学关系有着积极的促进作用。翻转课堂是一个更加自由和民主的教学交流平台，在学习过程中学生的主体性地位和话语权得到了尊重，可以根据自己的学习感受提出不同的学习想法。教师借助线上学习平台能够更好地把握每一位学生的学习情况以及学习过程中出现的问题，进而通过课堂教学过程进行针对性的解决，突破传统教学的瓶颈，构建和谐的课堂教学氛围，提高信息技术教学的质量。

二、翻转课堂理念下高中信息技术教学策略分析

（一）课前预习

在翻转课堂教学实践中课前预习是整个学习过程的基础和前提，学生在课下的预习质量直接影响着课堂教学的质量。在教学预习阶段，教师要根据信息技术课程教学内容设计相应的教学视频，同时结合线上教学资源，引导学生对新课内容进行有效的预习。在教学资源的选择方面，教师要根据不同学生的学习特征和认知特点，选择合适的教学素材，如视频资料、音频资料、图片内容等等。然后根据学生预习的程度制作完整的微课视频，有针对性地讲解本节课程内容的重难点知识，并在教学视频的结尾设置相应的教学问题，引导学生有计划、有目的地进行课前预习活动。例如，在学习"多媒体技术应用"这部分知识内容时，教师可以先引导学生进行自主搜集多媒体技术的相关资料，完成基本的预习过程。然后在学生自主预习的基础上将多媒体技术的应用以及本节课程知识的内容制作成微课视频，包括多媒体技术与社会生活、多媒体技术的采集与加工等不同的板块。最后在教学视频的结尾预留学习任务：自主搜集资料，以"保护水资源"为主题制作简易的多媒体作品。通过这样的教学设计在满足学生对多媒体技术学习认知的同时，初步培养学生基本的信息化操作技能，为综合能力的发展奠定基础。

（二）课程导入

在翻转课堂理念下的信息技术教学过程中，课程导入是至关重要的教学环节。学生在课前预习阶段虽然没有与教师过多地交流，但是在教学视频的学习过程中教师和学生的思维会在同一个空间产生碰撞，教师可以借助课前导学的视频进行相关知识点内容的概述，学生也可以通过课前教学视频对新课知识有一个基本的把握。因此，在教学实践中科学化处理教学课程导入环节就显得很有必要。通常情况下，在教学过程中课程导入主要包含了设置问题导入、视频导入以及信息技术应用场景导入等几种方式，教师在具体的教学实践中应当根据教学需要选择恰当的课程导入方法，全面调动学生的学习积极性。例如，在讲解"信息技术基础"这部分内容时，教师可以借助信息的传递方式发展进程，从古代的烽火台、信件到近现代的电视、电话以及互联网等，引导学生对信息传递的发展变化进行总结，以此来调动学生学习的兴趣，更好地导入新课教学内容。

（三）教学活动组织

教学实践中常见的教学活动组织形式包括管理性组织、诱发性组织以及指导性组织这几种模式。翻转课堂理念下的教学过程中教师不再是课堂教学的唯一主体，更多的是扮演教学活动的组织者与引导者的角色，在课堂教学实践中学生可以实现与教师平等地教学对话和交流。针对教学过程中自律性较差的学生可以实行管理性组织，以保障课堂教学互动的顺利开展。在组织学生进行探究性学习活动时可以借助诱发性组织的方式，保障学生学习积极性的同时，提高学生自主实践应用能力，促进学生对课堂知识的理解与认识。例如，在学习"网络技术应用"这部分内容时，教师可以组织学生进行网站的设计操作实践活动，以"家乡旅游"为题进行网站开发和设计，明确网页的主体结构和相关内容。教师在学生设计实践的过程中针对学生存在的疑问或者困惑进行及时的点拨，帮助学生自主完成实践课题。

（四）教学评价

教学评价是信息技术课堂教学的最后一个环节。通过客观全面的教学评价，学生可以对课堂教学质量和学生学习情况有一个正确的把握，从而加强和完善后期教学设计工作。翻转课堂理念下的教学评价应当转变传统单一的评价模式，从学生学习过程参与程度、自主学习质量以及实践能力等多方面全面评价，提高教学评价的准确性。通过系统的评价过程，促使学生对自己知识的掌握程度有一个客观的认识，从而发现学习中的不足之处，进而实现完善与提高。

（五）教学反思

翻转课堂教学理念是现代化信息技术教学改革的又一次尝试和挑战，在教学实践中教师要借助日常的教学实践活动不断地总结经验，并发现教学中存在的优势和不足。课后教学反思要根据课堂教学的效果和学生学习情况，及时反思教学过程与教学目标是否一致、教学过程中需要改进和完善的环节等内容，从而通过不断的实践应用反思，逐步提高翻转课堂教学方式的合理性与有效性，丰富课堂教学方式的同时，促进学生信息技术综合实践能力的提高。

翻转课堂理念作为一种现代化教学思想，教学过程打破了原有课堂教学观念的束缚，在教学过程中要求教师立足课程教学和学生学习实际需要，科学化设计教学策略，积极引导学生进行有效的探究学习过程，借助有效课前预习、课堂针对性教学以及课后应用实践等多种形式，提高学生在学习过程中的参与程度，促进学生信息技术综合能力的全面提升。

第六节　高中信息技术智慧课堂教学模式

智慧课堂属于新兴技术与教育领域相结合的重要产物，其具有智能化、多元化、个性化等多重特点。在课堂教学活动中创设智慧课堂，不但能够为学生营造出一个更高效、优质的学习氛围，还能够激发学生的学习兴趣，进而在提升课堂教学质量的同时促使学生综合能力及素养的提升。

一、高中信息技术智慧课堂教学模式的构建

（一）实施条件

关于高中信息技术智慧课堂教学模式的实施条件，主要分为以下几点：

校园网络建设。为了打造高中信息技术智慧课堂教学模式，学校首先需要建设校园网络，对学校网络线路、设备进行全面升级和改造，确保能够达到万兆到桌面的效果。同时，还要确保全校所有区域都能够实现可管理的有线和无线双覆盖。

硬件建设。在构建高中信息技术智慧课堂中，采取的是"线上＋线下"的教学方式，也就需要有硬件设备的支持。基于此，教学需要准备学习终端设备，比如电脑、手机、iPad等；需要满足课上的计算机和网络接入需求；还需要准备投影仪、活动课桌等设施。对于开展信息技术教学的教室，还应该配置电脑设备，并且要为每台计算机配置一副耳机，提前将学生课堂所需的资料、视频传到学生计算机中。为了增强师生之间的互动，学校还要在教室内配置交互式电子白板以及一台教师计算机。

软件建设。关于软件建设，主要指在大数据、云计算等相关技术的依托下出现的各类学习平台，能为构建高中信息技术智慧课堂提供保障。目前，各学校在开展智慧课堂教学活动时，较为常见的智慧学习平台有雨课堂、超星学习通、课堂派等。同时，有很多智慧学习平台贯穿课前、课中和课后三个环节，不但能够提高学生的课前预习效率，还能够提升学生的课堂学习兴趣，帮助学生提升课后复习效率。

（二）教学目标

高中信息技术智慧课堂的教学目标，主要是对学生信息技术核心素养的培养，也就是对学生的信息意识、计算思维、数字化学习与创新以及信息社会责任进行全面培养。因此，在创建高中信息技术智慧课堂时，相关授课教师要将教学目标落实到每一个教学环节，并且能够具体到每一个知识点上。同时，还要能够依据不同知识点的类型、难度，

确定所要培养的信息技术核心素养内容，以此体现出高中信息技术智慧课堂的创建价值。

（三）做好培训工作

为推动高中信息技术智慧课堂教学质量的提升，教师要通过创新培训方式以及多元化的措施，逐渐探索出适合自身学校实际发展需求的培训模式。比如，要对培训体系进行完善，成立以信息技术高干教师为组长的教师培训领导小组，以普通教师为主的工作小组，并制订学期教师培训计划，确保每一位教师的信息素养及教学能力都可以得到大幅度提升。另外，在进行教师培训的过程中，学校也应该对智慧课堂进行充分利用，创设"线上与线下相结、集中培训与分散学习"相结合的培训模式。既有全校教师的在线直播培训，也有定期向教师推送的微视频讲解，教师可以利用碎片化的时间进行学习。

二、高中信息技术智慧课堂教学模式的应用

（一）智慧课堂在课前的应用

关于课前学习，主要是学生的自主学习与反馈，教师可以在每堂课开始之前给学生10~15分钟的课前学习时间。在此阶段，需要授课教师引导学生进入基础教育资源公共服务平台，并通过该平台登录到自己的学习空间，完成本节课的微课学习和课前测试。对于微课，主要是由授课教师录制或剪辑重点和难点微视频，然后将其上传至平台，并发布学习指南，以此促使学生在进行微课学习的同时明确本节课的学习目标和任务。对于课前测试，主要是依据本节教学目标和微课内容进行的设计，包括氛围客观题和主观题两大类，要设有时限，不能占用太久的课前时间。在学生完成课前测试后，平台会对学生的测试成绩及答题情况进行分析，以此帮助授课教师更好地掌握学生学习情况，方便教师进行更具针对性的教学设计。

（二）智慧课堂在课中的应用

在智慧课堂教学模式融入下的信息技术课堂教学活动，能使学生由被动接受式的学习状态转变为主动学习状态，并且授课教师能够及时地掌握学生课中学习情况，对学生进行实时评价，从而使整体教学效果得到大幅度提升。首先，在正式上课时，授课教师要先进行疑难解答，将平台对学生的分析和评价呈现给学生，让学生明白自己的学习薄弱点在哪里。同时，授课教师还要让学生针对课前测试中的问题进行探究，反思课前学习时出现的问题，并对本节课的知识框架进行梳理。其次，当解答完学生的疑问，学生对本节课所学知识已经有所了解后，这时授课教师就要将任务发布下去，并对学生进行科学的分组，让学生进行实操活动。在此过程中，授课教师要进行课堂巡视以及个别指

导。最后，进入展示、评价与完善环节，授课教师要指导学生将完成的任务上传至智慧学习平台，然后让各小组推荐一名学生对任务成果进行演示和讲解。在此过程中，其他组员可以进行线上补充，当完成演示后，由其他小组进行评价，再由教师进行完善，以此实现知识的内化目标。

（三）智慧课堂在课后的应用

关于智慧课堂在课后的应用，主要是为了帮助学生巩固所学知识。因此，授课教师要能够依据学生的课中表现以及平台数据，对学生的学习情况进行统计和分析，并据此为学生推送与其学习需求和能力相关的复习资料，这在帮助学生巩固本节课中所学知识的同时还能够帮助学生查漏补缺，让学生紧跟课堂节奏，确保每一位学生都能够全面发展。另外，该教学环节主要是对智慧课堂教学可视化、智能化的充分利用，能够及时地为学生推送符合其学习需求的资料，使学生在课后复习中不断完善自己，使其学习效率得到大幅度提升。

综上所述，在开展高中信息技术教学活动的过程中融入智慧课堂教学模式，不但可以在一定程度上提升学生的"学"能力以及授课教师的"教"能力，同时还能增强学生的学习体验，使学生愿意参与到实际教学活动中，进而大大提升学生的学习效率和素养。另外，在智慧课堂教学模式的融入下，教师也能够实现"智慧"教与学的目标，打破时间和空间上的限制，让学生随时随地进行有效学习，推动信息技术教学模式更好地发展。

第三章 高中信息技术教学设计

第一节 高中信息技术教学设计的原则

进入 21 世纪以来，随着互联网及通信技术的持续快速发展，信息技术在生活学习中的应用随处可见。拥有良好的信息素养对提高学生面向未来的能力有着非凡的意义，这对高中的信息技术教学也提出了更高的要求。根据课程性质及要求，教师应依据高中信息技术课程标准进行教学设计，在教学活动中将理论学习与实践应用相结合，合理编排教学内容，灵活采用教学策略，及时进行教学反思，同时尊重学生在教学活动中的主体地位，让"教师的教"与"学生的学"做到有机结合，使教学过程更加合理高效。

一、教学设计原则

教学设计是在开展教学实践之前对教学活动各要素进行规划并根据教学实际进行反复修改优化的过程，是基于教学各要素的分析对教学系统进行的整体规划。在高中信息技术教学设计中，以合理性原则和整体性原则进行教学内容的选择与安排，以应用性原则及个性化原则实施教学活动。

（一）减少认知负荷：合理性原则

根据认知负荷理论（CLT），人的认知结构的容量有限，每次只能存储"7±2"个信息组块，在进行信息加工时每次处理 2~3 条信息。CLT 理论中教学的基本功能是存储信息，而教学的目的在于提高学生进行知识迁移的能力，使其在真实情景中解决遇到的各种问题。好的教学设计可以降低学生的认知负荷，引导学生掌握认知规则。教学内容的组织及表现形式影响学生的外在认知负荷。

在高中信息技术教学设计中，多媒体的使用增加。多媒体表现形式丰富，合理利用可以调动课堂气氛，激发学生学习的积极性，提升教学效果。如果在课堂教学中加入过多不必要的多媒体资源，如与教学目的不匹配的教学素材，过于炫酷的内容展现形式，会分散学生对核心教学内容的注意力，阻碍学生知识体系的构建。在这一问题上，应引进合理性原则。著名哲学家奥卡姆曾提出"能简则简，繁复无益"的论断，其"奥卡姆剃刀"成为后世通用的节省性原则。在教学设计过程中，如果简单的呈现形式就可以达到较好的教学效果，那么，就没有必要去寻求复杂的设计。"如非必要，勿增实体"在教学设计中即意味着为了减少学生的认知负荷，在教学内容的组织过程中，对多媒体资源及教学策略做到选择合理、高效应用。

（二）开展系统教学：整体性原则

教学设计是一个系统开展教学活动的准备过程，根据系统论的思想需要对教学活动的各个环节进行整体性设计，比如教学目标、教学内容、教学方法与教学评价等。在教学活动中涉及的因素如学生、教师、教材教法等进行统一编排。教学设计就是根据相关理论有机整合要素，对教学环节进行编排来实现最优的教学效果。因此，在教学设计过程中，应采用整体性原则，使教学目标、内容、方法等各环节相互联系、彼此促进，确保教学活动的高效进行从而发展学生的认知能力。

（三）实践教学：实用性原则

高中信息技术知识与生活联系紧密，在教学设计过程中，对学生在生活中灵活运用信息技术的意识侧重培养，理论知识与生活实践相结合。在教学过程中，教师需要引导学生对所学内容的实践认识，针对常见的生活及学习场景进行实践设计，并从信息技术的角度对生活中常见的事件进行分析，在生活中渗透信息素养的培养。例如，在浙教版普通高中课程标准实验教科书《算法与程序设计：信息技术》（选修1）第一章中，从算法的特性这一知识点来分析新疆大盘鸡的做法，使学生对算法的概念有更加直观的认识。在信息技术教学设计过程中，强调教学内容的实用性，教师应秉持着严谨、科学的教学态度，不仅要讲授课程标准要求的内容，同时要根据学生的认知特点及学习兴趣，鼓励学生参加课外活动，调动学生的主观能动性，将信息技术教学渗透到学生的日常生活中。

（四）分层教学：个性化原则

每个学生对信息技术学科的认识、知识的理解程度各异，且高中信息技术知识点较多、实践性较强，导致学生的学习水平出现差异。如果在教学设计过程中，对不同水平的学生进行完全一样的教学设计可能会影响部分学生能力的发展。因此，在教学活动中，尤其是在实践环节中应基于个性化原则进行分层教学设计。分层教学设计是指教师根据学生基础、潜在能力、学习兴趣等特征的差异性，为了鼓励不同层次的学生积极参与到教学活动中进行的教学设计。

首先，需要对教学目标进行分层，教师在这一阶段需要根据课程标准的要求，对个体能力进行分析以确定分层教学目标。在确保基础知识的传授外，针对学习水平较高的学生，注重对其思维能力的培养，适当增加一些课本以外的信息技术的最新进展，拓宽学生的眼界，培养其学习信息技术的兴趣。学习水平低的学生则注重对其基础知识的练习，确保他们能完成基本的教学目标。其次，还需要在课堂互动中进行分层教学，针对不同的学生设计不同的教学提问，照顾到不同层次的学生。师生的课堂互动是检验教学效果的重要环节，为确保每位学生都参与到课堂互动中，教学设计中应有针对性地进行分层提问，确保全体学生都参与到提问环节中。最后，在课外实践活动设计中遵循个性化原则，针对不同层次的学生，对其实践的要求进行区分。

二、教学设计要素优化

教学目标是整个教学设计过程的灵魂，需要选择合适的教学策略，借助教学内容来实现。教学评价作为整个教学设计的动力，检验教学效果，为教学设计提供改进的依据。根据教学设计中的合理性、整体性、实用性及个性化原则对高中信息技术教学设计进行优化，以期提升教学效果，更好地培养学生的计算思维，满足新时代对"信息素养"的核心诉求。

（一）明确教学目标，促进教与学相统一

教学目标是引导教学活动开展的指南针。当前高中信息技术的教学目标为：通过高中信息技术课程的学习，理解信息技术相关原理，明确信息技术在学习生活及生产中的价值，掌握一定的信息技能，养成良好的计算思维并运用到实际问题的解决过程中。作为教学设计的承担者，在确定教学目标时，必须以课程标准为基石，结合教材内容及学生能力情况，提高学生认知水平。

随着我国教育改革的持续深化，学生是教学活动中的主体这一观念为越来越多的教师所接受。当前广泛应用的三维教学目标："知识与能力"解决的是学生"学什么"的问题，是确定教学内容的关键部分；"过程与方法"确定的是学生"怎么学"的问题，对教学过程中学生学习的方法进行要求，也关系到学生在学习过程中的具体体验；"情感态度与价值观"解决学生在学习过程中对人生观、价值观的思考及提升问题。在教学设计中，需要确保学生通过课程学习掌握信息技术技能与知识，养成良好的学习习惯，掌握信息技术的学习方法，体会信息技术学习过程的乐趣，增强其对科学技术学习的热情。

（二）丰富教学策略，及时进行教学反思

教学策略解决的是根据教学内容采用何种方式来实现教学目标的问题。教学策略应灵活多变，对教学设计具有指示性，较好地实现教学理念，为完成教学目标而对教学活动各因素进行系统安排。与教学方法不同，教学策略强调在教学设计中综合各种教学方

法并合理应用。

多元的教学方法组成丰富的教学策略，在信息技术教学设计中综合采用多元的教学方法，尊重学生的主体地位。在教学实践中，以学生原有的知识水平为基础采取多种教学方法，根据具体的教学内容在讲练法的基础上选取合适的主题或任务，在实现教与学相统一的前提下，灵活采用不同的教学策略，实现课堂中师生的积极互动。无论采取何种教学策略，都需要调动学生对信息学科的积极性，培养其学习兴趣。除此之外，在教学设计中，要持续进行教学反思，对教学设计的实施效果进行反思，及时发现当前教学策略中存在的问题，并及时进行改进。

（三）全面突出教学评价，检验教学效果

在教学设计过程中，教学评价是对比教学结果与教学目标从而检验教学效果的一种手段。在教学过程中，应建立灵活多样的评价体系来引导教学活动，促进学生信息素养水平的提升。在教学评价阶段，教师要了解学生对实际技能的运用程度，利用信息技术解决现实问题的能力。教学评价应对原有教学活动有所启发，对学生的学习起到激励与引导的作用。教学评价不应仅限于对学生最后学习成绩的评价，而应贯穿整个教学过程；应把诊断性评价、终结性评价与形成性评价有机结合，定量与定性并重，全面系统地评估教学效果。在评价过程中，要体现教师的主导作用，同时要突出学生在评价中的主体地位，充分利用学生自我评价、自我反思等手段来加强学生对自我学习过程的觉察。除此之外，还可以组织学生进行互评，建立相互学习、共同进步的良好班级氛围，实现信息技术课程的教学目标。

第二节　GitHub 与高中信息技术教学设计

最新修订的《普通高中信息技术课程标准（2017 年版）》（以下简称《高中信息技术课程标准》）中明确提出，高中信息技术课程的基本目标是全面培养和提高学生的信息素养。任友群教授认为，这里的信息素养包括信息意识、计算思维、数字化学习与创新和信息社会责任。祝智庭教授认为，信息技术课程更着重于帮助学生形成利用信息技术认识世界的独特思维方式。这些思维方式主要包括计算思维、设计思维和批判性思维。可见信息素养的培养，尤其是利用信息技术解决问题的思维培养是高中信息技术教学的核心目标。

从赵杉、孙崇青对高中信息技术课程教学的研究中了解到，相对于高中信息技术课

程的教学内容，目前课程课时量偏少，通过课堂内的学习要培养学生的信息素养，尤其是计算思维有一定的难度，学生面对问题的解决能力有待提高，对知识内容的应用、迁移能力不足，不能举一反三。

针对课程教学困境，颜士刚、刘海斌、郭守超等不少学者进行了教学改革的研究和探索，他们提出：翻转课堂、微视频等在信息技术教学中的应用，使用 Scratch 平台、App Inventor 等网络教学平台开展教学活动，基于项目、问题解决等进行教学设计。这些教学改革在优化教学过程、提高教学效果上都起到了不同程度的作用，但是这些研究所采用的教学环境大多为虚拟的环境，对于学生来说缺少沉浸感，可提供的教学情境不够真实等。本节提出一种基于 GitHub 平台的信息技术教学设计，将课程学习空间搭建在计算机从业人员云集的 GitHub 平台中，师生形成线上线下学习共同体，创设信息素养发展的教学情境，在深度交互的过程中促进计算思维能力的发展，在更为真实的信息世界中培养信息素养。

一、基于 GitHub 平台教学的特色及其优势

（一）基于 GitHub 平台教学的特色

1.GitHub 为学生信息素养的培养提供了一种有效的学习环境

杜威指出："人的心智是在人类逐渐成功地适应环境的过程中进化的。"教育，唯一方法是控制他们（学习者）的环境，让他们在这个环境中行动、思考和感受，通过环境间接地进行教育。建构主义认为，知识就是在学习者与学习环境相互作用的过程中构建起来的。理想的信息技术学习环境应该要有丰富的信息化资源，易于创设信息技术支持的交互性、真实性的学习活动，能够体验到信息技术行业实践者真实的工作模式，能够让学生感受到信息技术所引发的价值冲突，从而能思考个体信息化行为对自然及人文环境的影响。

GitHub 是一个开源协同开发平台，支持代码库（Repository）、项目分支（Fork）、代码提交（Commit）、代码合并请求（Pull Request）、代码合并（Merge）等功能，最初用于项目的协同开发。平台中活跃着两千多万用户，很多优秀的开发者在平台上贡献资源、分享经验，他们的资源、社区中的行为都是计算机领域最"新鲜"的学习资源；借鉴 GitHub 的协同开发模式可以形成协同学习模式，学生可以真切地感受到信息技术从业人员真实的工作模式和思考方式，在这种模式中容易创设促进信息素养发展的教学情境，激起多样的认知冲突，激发学习者内在学习动因；与从业人员一同活跃在社区中，可以学习到这些信息技术从业人员的精神和理念，也更易激发学生学习兴趣和热情，为

日后从事相关行业奠定基础；此外利用 GitHub 平台搭建线上线下相结合的课程学习空间，也是当下信息社会生态环境的缩影，为学生适应信息社会奠定了基础；社区中用户的价值冲突，也能够激起学生思考个体信息行为对社会的影响。

2. 基于 GitHub 平台的协同学习模式有利于促进知识的深度理解、应用和迁移

社会建构主义理论认为，学习是基于一定的社会文化背景，在他人（老师或同伴）的帮助下，通过社会性参与和互动完成的意义建构。教师在 GitHub 中创建的课程空间，可以与教师的个人空间、学生的个人空间联通，通过交互促进知识的深层互动，并通过课程空间或者个人空间将个体的学习资源进行聚合以及分享，构建课程的协同学习模式。就某个知识内容，亦可以形成协同学习模式，此时组建项目小组，来解决学习情景中的项目任务。老师、学生甚至 GitHub 中的技术专家形成课程学习共同体，通过协调共同体中成员、学习资源等各要素之间的关系，可以促进学习者与学习内容、"老手"与"新手"之间的深度互动，这样有利于共同体成员知识的构建。上述知识在聚合、分享、构建的过程中，可以提高学生解决不同问题的能力，促进知识的深度理解、应用和迁移。

3. 基于 GitHub 平台构建的线上线下课程空间，可以拓展学习时空

一般普通高中的信息技术课程必修与选修一周共计 2 课时，对于其包含的教学内容来讲，课时相对不足。此外，也不能满足部分对信息技术感兴趣的同学进一步学习的需求。基于 GitHub 平台构建线上线下的课程学习空间之后，部分的教学内容可以拓展到课外。

（二）基于 GitHub 教学的优势

1.GitHub 能提供丰富、优质、便于访问的学习资源

GitHub 作为当前全球最大的软件项目托管平台（开源社区），来自世界各地的数以千万的开发者活跃其中。因其强调源代码的免费、开放，平台上共享了很多的软件数据、产品以及开发者的技术交流心得、学习资料等等，并且这些资源包含的内容丰富，更新及时。

GitHub 提供的功能可以使教师和学生方便的获取资源，实现资源的互通；Watch 功能可以让学习者关注某一个人或者项目；Star 功能可以用于收藏某个用户，方便后期进入项目库；Fork、Pull 和 Push 功能可以实现资源的上传和下载。

教师可以在 GitHub 平台中构建课程空间，在空间中可以为学生提供教学大纲、进度计划等指导性文件，课程视频、PPT、工具等教学资源，也可以将与课程相关的其他资源或者开发者的空间链接到课程空间中。

2.GitHub 协同开发模式契合计算机学科问题求解的思维路径

《高中信息技术课程标准》指出："计算思维是指个体运用计算机科学领域的思想方法，在形成问题解决方案的过程中产生的一系列思维活动。"美国《K-12 计算机科学框架》将计算思维的概念延伸到了设计算法、分解问题、建模现象等能力上。GitHub 协同开发模式的主要流程包括创建组织、创建项目仓库（Repository）、根据项目创建分支（Fork）、解决各分支问题、合并分支（Merge），这个过程与计算思维解决问题的路径（包括问题建模、算法设计、问题分解）非常契合。在基于 GitHub 的教学设计中教师创设一个任务教学情境，学生分组来完成。各个小组根据这个任务将问题进行建模、分解并建立分支（Fork），每个分支去设计算法或者步骤来解决各个分支的问题，然后检查、合并（Merge），最终完成项目任务。这样一种真实的协同开发模式，将知识的理解、应用和迁移融入问题的解决过程，让学生领会计算机学科问题求解的方式，在完成任务的同时发展了计算思维。

3.GitHub 的开源 API 为教学提供学习过程的智能化学习分析与评价支持

利用 GitHub 平台所提供的编程接口 API，可以抓取到学生在课程空间的活动数据进行学习行为分析。根据学生在项目中的贡献、课程空间中的活跃程度、对课程空间知识的贡献等对学生的平时学习情况形成评价。可以将学生的评价数据作为课程的即时讯息，显示在课程空间中，帮助学生获取评价信息，对学习情况进行及时的反馈和跟踪，促进学生的学习积极性。

二、基于 GitHub 平台的教学设计原则与实践应用

（一）设计原则

1.学生为主体，教师为主导

教师单向的输出知识不能够培养学生运用信息手段解决问题的信息素养，而应为学生创设提供知识支架的学习环境，在教学过程中充分发挥学生的主体作用，让学生在不同的情境中，运用信息技术手段分解问题、建模现象、解决问题。在此过程中教师作为引导，让学生能根据自身行动的反馈信息来形成对知识的认知和解决实际问题的方案。

2.创设交互、协作、分享的学习情境

提倡在协作、交流中建立起对知识的意义建构。建构主义认为，学习者与周围环境的交互作用，对于学习内容的理解起着关键性的作用。除了面对面的协作和沟通之外，在线上构建开放的、互联互通的课程空间、个人空间，积极引导学生创建 Issue 提出疑问分享所学，激起成员之间的协商和辩论，成员间的认知冲突能够激发学生深度思维，

促进个体对知识的内化、迁移，也利于集体智慧的生成和共享。

3. 给学生提供自主学习的环境

《高中信息技术课程标准》指出：在学生学习教材之后，要形成自主学习信息技术的能力，能熟练地对信息进行获取、加工和表达。建构主义认为，学习环境是学习者可以在其中进行自由探索和自主学习的场所。将学生置身于信息化的资源中，适当地给予工具、方法的支持，让其能够根据需要从资源中提取信息，"在大量数据中寻找隐藏的模式、趋势和相关性来关联、整合，使之具有系统性，成为可扩展的知识体系"。

（二）实践应用

基于 GitHub 平台的教学设计可以描述如下：教师构建课程学习空间，将班级学生链接进入到课程空间，形成"人人通"的学习共同体；将教学资源托管到课程空间中，将与课程相关的行业内技术专家的 GitHub 主页链接到课程空间，便于学生对课程形成认知；课前课后任务可以通过 Issue 发布；课中利用库中资源授课，布置项目任务，利用其协同开发模型 [创建项目（Repository）—建立分支（Fork）—提交合并请求（Pull Request）—检查项目（Review）—合并项目（Merge）] 开展项目式教学；学生通过 Issue 提交作业，分享学习心得；教师根据线下学习情况以及评价系统对学生线上学习行为的评价，对学生形成整体评价。

以高中信息技术基础课程为例，学期之初教师在 GitHub 平台中建立课程空间，将学期教学大纲、课程学习目标、与信息技术课程相关的资源链接、课程的评价方式等放入课程空间中，让学生明确课程学习目标。第一次课程中为同学们介绍 GitHub 的资源情况和基本使用方法，也可以开帖（创建 Issue）引导学生挖掘 GitHub 的使用方法，比如如何提交作业，如何搜寻资源、分享资源等。当每位同学创建好各自的账号后，将学生个人空间地址维护到课程空间中，形成学友链接。教师、课程、学生都可以互相关注，教师也可以在课程空间中推荐相关开发者的个人空间链接，让学生关注，以获悉其知识动态。以此形成互通的网络学习共同体，支撑学生开展线上线下的学习。

接下来以课程第六章《网页的设计与制作》中"6.2 网页制作"这一节为例，介绍基于 GitHub 的课程教学。在此之前，学生已经了解万维网的基本结构，理解网页的作用，掌握网页元素和网页构件的使用，对网页制作的工具有所了解和使用。

1. 创建任务

建构主义学习理论认为学习是在一定情境下发生的，因此在教学中必须创设有利于学生意义构建的学习情境。在设计任务的时候，要充分考虑到，学生通过任务的完成能够掌握网页策划和设计的基本过程，学会设计和制作网页，并给出工具和资源为学生学习提供支撑。在课前，教师在课程空间中提交一个 Issue，给出课程任务：利用 5 课时时间制作一个介绍世界遗产的网站，并给出具体要求，如页面基本要求、分工要求、最后的分享要求等；提供相关的示范性的网站，如教师空间中的案例示范、中国世界遗产网（http：//www.whcn.org）、模板之家（http：//www.cssmoban.com）等；还可提供工具、学习资源等，如截图小工具 FSCapture.exe、千库网（http：//588ku.com）、网站制作技术专家阮一峰 GitHub 中相关的资源（https：//github.com/ruanyf）以及他所著的 Web 学习网站 W3CSchool（http：//www.w3school.com.cn）等等。

2. 任务确定

教师在课上讲解课程任务、制作要求，介绍示范网站、工具、资源等，要求以小组的形式完成网站，引导学生根据自身的特长进行组队，一般 3~4 人一组为宜。此阶段要求明确课程任务、明确分组、明确学生在小组中承担的任务。一般组内设项目经理 1 名，负责网站的策划构思，把控任务进程；美工 1~2 名，负责页面素材的收集和制作；网站制作 1 名，负责制作工具的深入学习、组内分享制作方法、指导组员共同完成网站。教师就分组和分工进行协调，并引导小组就任务展开讨论。

3. 分工协作

项目经理在其个人空间中建立一个任务库（Repository），对任务目标、时间进程、组员分工等进行描述。组员建立任务的分支库（Fork），将工作结果上传到分支库中。以上过程中，组员分析各种信息资源，运用信息技术完成任务，组员之间既要分工也要协作。除了上课时候面对面的协作，也可以通过 GitHub 平台建立 Issue 进行商讨。同理，教师在课前开设的 Issue 中，除了要求各个小组把就网站制作建立的任务库地址上传之外，也可以在此提交一些问题，分享一些资源。教师在此过程中关注各个小组的问题，必要的时候进行集中讲解。比如涉及网站制作的时候，教师可以就知识点、问题点展开讲解。

4. 任务合并

在任务的开展过程中，对于阶段成果（视频、图片、文档、源代码等），组员可以根据情况提交，便于组内分享。GitHub 平台中的协同开发模式方便项目组进行版本控制，便于项目组内的合作。组员发送合并请求（Pull Request），项目经理对上传文档进行检查（Review）与合并（Merge）。这里的合并是一个不断迭代的过程，随着网站制作工作的开展，组内可能会有新的想法或者需求迸发，因此任务的合并会存在多次。教师可以通过关联的任务库查看各个小组的情况，以便提供适时的帮助和指导。

5. 提炼分享

各小组完成网站后,教师在课程空间中开设就本项目的分享 Issue,要求将网站成果、小组成员的工作内容、工作亮点、学习收获等提前分享到 Issue 中,其他同学可以在 Issue 中跟帖评论。教师收集评价系统对学生在这个项目学习行为中的评价数据,结合课堂表现,生成评价,为后续课堂点评做好准备。在课堂内设置演讲环节,各小组派代表分享网站制作过程的经验得失,教师针对完成的过程和情况进行点评,也可以引导其他同学一起参与点评。通过分享、评价,引发师生进行深度思考,实现对知识的深度加工,从而将思维引入高阶发展的阶段。

GitHub 平台天生为开发者而生,但不局限于对于开发的协作,因此课程中非实践类的教学,也同样可以在平台上开展。

随着 GitHub 平台用户的增加,GitHub 逐渐成为最流行的开源软件开发平台之一,出现了许多基于 GitHub 社交编码服务、特性和方法的教学方法。我们经过教学实践认为,在 GitHub 平台中搭建课程空间,有利于激发学生学习兴趣,有利于学生感知真实的开发者世界,从而感知信息社会,培养信息意识;将学生置身于数字化学习环境中,让其真切感受到海量的学习资源,从而思考和学习如何搜索和使用资源;通过在 GitHub 平台中搭建个人空间,并且和其他空间进行交互,从而感知和形成网络时代信息化的交互方式;通过基于协同开发模式的项目合作,相互对话、彼此互动来加深对知识的理解,批判地学习,在解决问题的过程中,促成学生信息素养的提升;通过学习内容、教师、学生、资源的关联与聚合,促进知识的融合与创新。

第三节 首要教学原理与高中信息技术教学设计

基于高中教学原则的高中信息技术教学应用程序设计包括教学实施和评价。在教学实施过程中,选择了本溪县高中的两个并行班进行比较教学。学生在教学评价过程中,包括教学工作的收集分析和研究两个方面,以验证高中教学理论指导高中信息技术教学的可行性和有效性。结果表明,在高中教学原则指导下的高中信息技术教学,提高了学生对课堂的参与度、对学习内容的兴趣和学习效果。

一、首要教学原理

美林在全面研究教学对话、理解、合作、解决问题的方法,建构主义学习环境的多个角度等几种典型的教学设计理论的基础上，提出各种设计理论和模式，有一些原则相互辉映，假设是否一个特定的理论或模型的一般或特定课程教学计划，教学实践的显著特点是什么？进一步说，如果某种教学方法和教学实践违背了一个或几个教学原则，那么学习或表现就会回来，这一原则被称为初级教学原则。梅里尔认为，最有效的学习结果或学习环境是作为教学中心的问题，有四个明显的学习阶段，即以问题为中心，激活现有的经验、知识、技能，应用知识和技能，将知识和技能整合到现实生活中四个学习阶段。

二、基于首要教学原理的《高中信息技术》教学策略

（一）"聚焦完整任务"——培养学生解决问题的能力

在信息技术教学中，模拟贴近生活情境的创造方式，将其融入信息技术的内容和与生活相关的问题或任务中，可以培养学生的问题解决能力。首先，教学目标的设计应该要求学习者将自己的知识和技能转化为实际问题。三个方面的教学目标是提高学生解决问题能力的目标，具体做法为：第一，强调知识和技能的学习者能利用学到的知识和技能解决实际问题；把握学习的过程和过程解决方案；同时，也是学生学习使用信息技术来解决问题的思维标准的情感态度和价值观。第二，将课堂教学内容融入这一完整的任务中，在完成任务的过程中实现目标，将教学内容置于分解分步任务序列中。

（二）"激活"——教学导入阶段建立新旧知识连接

建立新旧知识的联系，也就是说，有很多方法来激活"老师开始教新的内容之前，教师可以通过一些小案例，实践或互动活动来帮助学生回忆旧的知识，如果学生缺乏旧的知识，也需要通过相应的教学活动帮助学生建立相关的旧知识结构与新知识之间的联系。导入教学以指导原则为基础，教学不再盲目设计活动来吸引学生的注意，教学阶段的导入需要帮助学生激活旧知识的新知识，建立学习知识库。

（三）"展示"——教学过程贯穿任务相关事例进行示范说明

在展示阶段，老师除了学习新知识，在展示新知识的过程中，有了这些知识，任务相关的示例来演示和解释，帮助学生进一步加深理解和掌握知识，这里提供的示例与任务必须属于同一类型，与此同时，它可以帮助学习者成功地完成任务，也能给学习者带来成就感和自信心，如在完成任务的过程中，老师至少提供一个样本的任务和任务分解序列，通过讲座、案例，以及他们参与一个完成任务的过程，以便使学习者学习新知识来建立自己的心理图式存储在内存中，当类似的问题在以后的生活中出现时，能够提取

方法和解决问题的思路。

（四）"应用"——提供变式练习，教师由扶到放

部分高中信息技术课程对学生仍有一定的难度，尤其是一些操作软件、编程的应用。对于大多数学生来说，在一步一步地完成对教师的学习后，并没有能力独立解决问题，通常会在离开教室后出现或略知情况。因此，组织学生在高中信息技术课堂上应用新知识是一个关键步骤。在具体的教学实施过程中，应用新知识坚持目标实践，实践和变体问题紧密练习的目标，也就是说，教学目标是什么（学习成绩），然后解释示范是什么，应该还应用新知识，知识概念类的应用知识，学生将专注于定义，类别，如研究应用程序的"互联网"这个内容，学生需要了解的特点和不同的功能不同类型的网站等等。所以在应用新知识时，可以引导学生上网区别不同种类的现场调查，如在表达不同的内容和作用，未来的一种网站进行特别调查，通过两种不同的方法实际应用的新知识，明确各种不同的网站作用等知识；应用原理和类型的知识应用的知识，学生需要构建应用程序的情况，为每个步骤详细应用程序的任务，比如学习"计算机网络拓扑结构和功能"的知识、应用新知识链接时，教师可以组织学生选择校园网络或本地计算机网络系统，绘制网络拓扑结构，网络调查的申请，代理服务器软件安装，同时将多台电脑连接到互联网上，通过这种方式在中学生的真实情况下，甚至计算机网络的拓扑结构和这些复杂知识的功能都能很好地理解。

总之，高中信息技术教学中使用的教学原则设计，设计教学过程模型和案例和应用情况，通过收集和分析数据得出结论，基于高中信息技术教学设计的主要原则可以提高教学效果，并有利于学生的合作意识、创新能力和自主学习的能力。

第四节　认知负荷理论与高中信息技术教学设计

认知负荷的理论依据是认知资源有限理论和图式理论，是指学生在完成具体学习任务时附加在学生认知系统上的负荷。认知负荷分为内在认知负荷、外在认知负荷和有效认知负荷。内在认知负荷是由学习材料产生的，可以用任务难度和复杂度来表示；外部认知负荷是教学资源呈现的形式和教学设计对学生的认知负荷产生的影响；有效认知负荷是对学生学习有帮助的负荷，能够促进图式构建和自动化。该理论认为学生在学习中产生的心理压力是教师进行教学设计时需要考虑的因素，其优化措施就是控制这种压力，进而确保学生学习任务带来的认知负荷总量小于学生能够承受的认知负荷总量，其实质

是让教学设计更加符合学生的认知特点。基于此，在教学设计中，教师应以之为指导思想，从教学目标、形式、方法和过程等方面，以点带面对教学活动进行优化设计，以改变学生的心理认知状态，进而实现教与学的最优化。

一、确定教学目标——减轻内在负荷

根据认知负荷理论，学习任务的难度越高、内容越复杂，学生内在认知负荷就会越高。尽管高中学生已经具备独立解决问题的能力，但是缺乏高度的自我控制力，容易在任务学习中受到任务难度的影响而失去主动学习的兴趣，以至影响学习质量。因此，教师应通过明确教学目标、降低学习任务的难度来调整学生的心理认知负荷，引导学生主动参与教学活动，减轻内在认知负荷。

例如，以"PowerPoint 软件"基本操作教学为例，其要求学生熟悉 PowerPoint 软件操作界面，并掌握界面各个菜单的功能。在具体操作使用中会涉及文件的新建、保存，图片的插入，文字的添加，背景、模板以及动画的设置等内容，需要学生掌握操作要点，并能灵活运用。而这些操作内容的实现都需要学生掌握菜单命令的选择。基于此，教师利用学生熟悉的 Word 操作软件，要求学生根据 Word 软件的菜单界面来迁移性地理解 PowerPoint 软件的操作界面，进而降低学习任务的难度，减轻学生认知心理负荷，调动学生学习的主动性。Word 软件中的文件新建、保存与 PowerPoint 软件中的操作相类似，以此激起学生自主探究其他菜单功能的兴趣，从而提高学习效果。

二、优化多媒体课件——控制外部负荷

外部负荷是由教学内容的呈现形式、教学活动的不当造成的，其会对学生的认知过程产生干扰，影响学习成效。因此，教师可通过优化多媒体课件的形式、风格、布局等减少心理消耗，通过图片与文字的转化突出教学重点，整合多媒体声音、动画的效果吸引学生的注意力，为学生的有效学习营造良好的氛围，进而减轻学生认知心理负荷。

例如，在教学"日新月异的信息技术"一节内容时，其要求学生了解信息技术的历史发展和趋势，让学生树立合理利用信息技术的意识。由于本节内容理论性知识较多，若教师的课件设计以文字呈现，势必会引起学生厌学情绪。由此，教师在讲授信息技术五次革命（语言的使用、文字创造、印刷术的发明、电报、计算机技术与现代通信技术普及）时，每讲述一次历史变革，就会通过文字和图片转化的方式设置幻灯片。通过对图片设置动画操作，以突出教学重点，再配上音效，就能起到意想不到的教学效果，增强了课程对学生的吸引力。其后，在讲述发展趋势时，教师以多媒体课件为载体，组织

学生进行讨论，以图片的方式引导学生说出人机交互的设备都有哪些，如磁卡、液晶显示器、CRT。然后就"中学生上网的利弊"进行讨论，并以播放视频的方式让学生意识到合理使用信息技术的重要性，将课堂教学推向高潮，从而帮助学生掌握如何正确选择和使用信息资源，进而完成学习任务。

三、优选教学方法——增强有效负荷

有效负荷又称相关认知负荷，是能够促进学生有效学习的负荷，主要体现在学生学习动机的激发和兴趣的调动。在教学中，教师通过选择适合的教学方法，激发学生主动学习的内在动机，以提高学生自主学习兴趣，进而改变内在学习状态，让教师的"教"与学生的"学"形成有效对接，进而提升学习效果。基于此，教师可通过案例、任务驱动、启发、探究、激励等多种教学方法，实现增强学生认知有效负荷的目的，发挥均衡内外认知负荷的作用，以实现教学效果的最优化。

例如，以"视频、动画信息的简单加工"教学为例，此节要求学生选择合适的工具对动画进行加工制作，进而表达信息的主题思想。由于本节内容具有很强的实践性，容易激起学生学习的兴趣，教师借此选择任务驱动教学法，在教师的引导下，让学生围绕共同的学习任务积极主动探索利用各种资源。如教师以对"爱的手语"视频加工为任务，要求学生利用超级解霸对视频中与"爱的表达"有关的视频进行加工剪辑，并添加"感恩的心"作为背景音乐。学生在操作中会发现超级解霸能对视频进行剪辑，但是不能完成音视频合成操作，还需要音频解霸来完成音乐合成操作的任务。在教学中，教师通过任务驱动教学激发学生主动探究的欲望，改变了学生心理认知状态，将学生的学习心理调整到最佳的状态，增强了有效负荷，从而提升了教学质量。

四、优化教学过程——控制负荷总量

以认知负荷理论指导的教学过程，就是一个均衡内外负荷，增强有效负荷的过程。因此，在教学中，教师可采用小组合作组织教学，通过组内合作、组间竞争形成良性互动，以激发学生个体潜能，发挥集体智慧，从而达到优化教学过程的目的。

例如，在教学"图像信息的采集与加工"时，要求学生掌握利用Photoshop软件对照片进行合成处理。教师以"人像图片"为素材，让学生将照片中的背景进行更换，这就需要掌握图片的"抠图"技术，涉及的知识点有图层、滤镜、文字特效等。它需要学生在操作中理解图层之间的关系，并对图层进行重命名，学会使用文字工具，对图层的样式进行修饰等，从而将人像与新的背景融为一体，使其浑然天成。在教学中，整个过程以小组合作的方式进行，让学生根据任务主题先讨论解决方案，然后分工合作，集思广益，为了共同的目标完成照片合成操作。在小组合作中，教师按照组间同质、组内异质的原则划分小组，让不同的学生在操作中都能获得不同的发展，从而激发学生主动探究的兴趣，发挥集体智慧的力量，促进学生全面发展。

总之，认知负荷理论从心理学视角上为高中信息技术教学提供了新的思路，其宗旨是让教学活动设计符合学生认知特点，通过降低内外负荷，增强有效负荷来改变学生的认知状态，从而达到学生的心理认知负荷承载量大于所学知识负荷量的目标。因此，在教学中，教师可通过降低任务难度、优化教材内容呈现形式、优选教学方法、完善教学过程等措施控制负荷总量，促使学生内外负荷达到均衡，以调整学生最佳学习心理状态，从而实现学习效果的最优化。

第五节　WebQuest 与高中信息技术教学平台设计

现代教育的不断发展要求教师能够与时俱进，将新的教学理念以及方法应用于与教学中，提高教学的质量。开展高中信息技术教学时，教师要侧重于培养学生运用信息技术解决问题的能力，推进全民信息技术的普及，基于 WebQuest 模式开展信息技术教育，对于传统教学来说是一种有效的补充，有利于创新的教学结构优化结果，让信息教育能够促成个体综合素养实现全面发展。

一、当下高中信息技术课程教学中存在的问题

网络时代信息技术作为一门重要的课程，应当由原本的单纯技能训练走向信息技术培养，让学生通过信息技术的学习，与时代构成协同进步。信息技术同样也是一门年轻且具备活力的学科，教师在教学的方式方法上，要遵循学生的特点，构建课堂氛围。然而当下高中信息技术教学中却存在以下问题，阻碍了课程的高效推进。

（一）对信息技术课程存在认识偏差

高中阶段开展信息技术课程教学的目标在于培养学生的信息素养，学生要对信息有敏锐的获取、加工、管理、表达以及交流能力，并且可以了解信息，对整个生产过程做出评价，运用信息交流观点，解决实际生活中遇到的问题，这些信息素养都是高中信息教育过程中需要关注的重点。很多教师只是片面地认为信息技术课程就是计算机课程，只向学生传授计算机基础以及操作技能，忽略了信息素养的教育，这种对信息技术的认

知偏差也是不符合现代化信息社会对人才的基本需求的。部分高中以应试教育作为唯一目标，不关注除了升学考试之外的其他学科。部分教师缺乏系统化的备课流程，只凭经验授课，甚至不给学生布置作业，缺乏对学生个人能力的全面评价，也影响了高中信息教育的有力推进。

（二）教材问题

信息技术是一门知识快速更新的学科，很多高中所使用的信息技术教材是落后于技术发展步伐的，这样的教材存在和时代脱轨的问题，也无法满足学生的实际学习需求。很多知识内容已经被更新版本的软件所替代，而学生学习到的这些知识也无法在实际生活中得到应用，这反过来也会影响学生的信息技术学习兴趣，不利于发展个体的主观能动性。

（三）教师教研能力存在问题

信息技术学科和语文、数学、英语等学科的不同之处在于其信息更新的频率是较快的，而且教学内容也要跟随信息技术的发展脚步，在教学思想、方法以及工具上进行调整。信息更新也会带来诸多的问题，教师要了解到信息发展的趋势，将这些新的知识应用于教学过程中，丰富教学的维度，而善于开展教研活动的信息技术教师少之又少，这也是高中信息技术学科难以突破的主要原因。教师自身专业能力薄弱，钻研能力较差，只有教师在能力层面不断提升自己，才能切实提高高中信息技术教学平台的有效性。

（四）评价问题

很多教师在对学生进行信息技术学习成果的评价时，仅仅通过学业考试这一项的分数是无法体现学生的实际水平的，而在高考面前，这些学科只能被动地采用单一的评价方式。虽然已经有人提出将信息技术课程纳入高考行列中，但是并没有在实际考试中真正落实。提高信息技术课程的学习效果需要充分发挥出评价的功能，无论是在课堂教学的角度还是考评形式上，都要尽可能完善，以调动学生的信息技术学习兴趣。

二、WebQuest 的定义

WebQuest 的概念最早出现于 1995 年，是一种课程计划的模式。WebQuest 在内容上并没有相对统一的教学任务，教师可以根据课程的主题或模块开展系统化的设计，让整个教学变成一个完整的知识和任务体系，围绕着这一体系开展教学内容。WebQuest 对于学生学习来说也是一种有效的框架，学生可以通过学习掌握重点，围绕着问题，运用相关资源形成自己的认知体系。WebQuest 模式分为短期、长期两种。短期的

WebQuest 模式一般为三个课时，这种训练方式可以提高学习者的信息获取和整合能力，学生通过 WebQuest 的指引，可以快速构建出自己的认知体系，筛选和整理信息。长期 WebQuest 模式一般需要一个月及以上的时间，个体除了要具备较强的信息获取和整合能力之外，这一教学模式更关注个体的知识以及经验拓展，在长期 WebQuest 模式下，学生能够形成朝向其他学科迁移的学习能力。

三、基于 WebQuest 模式进行高中信息技术平台构建的设计

（一）注重内容设计

首先，在教学的内容上，教师要遵循科学性以及教育性两大原则，并在此基础上突出教学内容的生动性。基于 WebQuest 模式开展教学，每一个步骤都要关注到学习者的实际体验，让学习者发现学习的乐趣所在，从而挖掘主观能动性。其次，内容层面的设计也要具备开放性特征，不同的学习者有着自己的学习偏好以及兴趣爱好，所以在信息技术课程的构建上，教师要秉承着开放的心理，让学生可以自由发挥想象力以及创造力。最后，在完成教学任务层面上，WebQuest 模式也要考虑学生的学习基础，按照循序渐进的难度梯度设置螺旋形上升的内容，让学生可以通过自己的努力以及探究实现能力的进一步发展。

（二）注重框架设计

WebQuest 模式分为引言、任务、过程、资源、评价和结论六个部分，这六个部分共同构成了 WebQuest 模式的整体。教师在应用这一教学模式开展信息技术教学时，要根据教学的目标灵活运用，而不是生搬硬套，很多内容要结合学生的实际学习基础搭建框架。教师要加强对 WebQuest 模式基本理念的了解，掌握精髓，将教学内容合理分配到上述六个模块中。

（三）加强布局设计

WebQuest 模式的布局设计也要遵循美观原则，这样更利于学习者接受，首先在视觉上，学生要能够接受这种学习方式的引导，并在心理上接受 WebQuest 模式，由于 WebQuest 模式是基于网络的一种新型探究式学习方式，所以教师要放开手脚让学生实现个性化学习，教学布局的设计要遵循学生的主体地位。每一个布局都要有精彩点，激发学生的学习兴趣，如在 WebQuest 模式的引言部分中，教师可以先植入一张图片或者视频，让学生快速了解本堂课即将学习的重点，提高注意力，图片和视频的放置可以增强视觉冲击力，强化学生的学习印象，这也是激发学生学习兴趣的有效方式，学生在引

言的精彩引领之下，快速切入到 WebQuest 模式学习界面中，也更利于后续内容的顺利推进。

（四）加强 WebQuest 模式中的交互设计

WebQuest 模式也能够增强教师和学生之间的互动，更多的交流也利于教学质量的提升，学生之间以及师生之间都可以通过 WebQuest 模式快速实现进一步的沟通以及交流。在网络模式的带动之下，每一个人都可以交流和总结经验，学生可以认识到不同背景以及学习经历的其他人，或者直接请教专家学者，这对于学生来说是一种新型的信息技术学习体验，而且可以扩大个体的交际面以及知识面，学生在交互设计的带动下，可以得到多方面能力的提升，WebQuest 模式也是一种引导性的学习方式，交互设计可以让学生抽丝剥茧、循序渐进了解知识内核，更关注到个体的多元智力发展，通过学生交互学习中所留下的痕迹，也能够为完善信息技术学习评价提供佐证。

四、基于 WebQuest 模式的高中信息技术教学平台设计实践

在教学文本处理相关内容时，教师应引导学生在了解搜索引擎的基础上，学会使用搜索引擎处理工具。教学过程中要让学生进行自主探究，用任务驱动以及小组合作的方式，提升团结协作精神，发展探究学习意识。教师可以让学生先登录 WebQuest 网络课程平台，在指导下检索网络和图书馆资源，完成教师布置的学习任务。教师首先要进行铺垫，向学生介绍使用搜索引擎提高工作效率的例子，展示搜索引擎的高效性，然后向学生提问，为什么同样的搜索信息却有着不同的搜索结果，信息排序也是不同的呢？教师随后要安排学习任务，让学生通过搜索网络和图书馆信息，完成"搜索研究"研究报告，并用 Word 文档提交，具体要求为使用三个不同类型的搜索引擎，比较特点，清楚这些搜索引擎适合查询什么信息、不适合查询哪些。教师要列出完成这份报告需要的知识点列表，交给学生查缺补漏，在学生完成之后，教师要让学生进行学习效果的检测，将小组报告上传到指定网址中，并发表自己的见解，在 WebQuest 网络课程学习中递交自己的评测打分。这个教学过程教师不仅要评测学生的学习结果，也要关注学生是否充分参与到了小组讨论交流中，对学生的整体学习做出综合评价。

综上所述，基于 WebQuest 模式进行高中信息技术教学平台搭建，需要教师加强对 WebQuest 模式的关注以及投入，认识到信息素养对于个体终身发展的影响作用，同时教师也要在教学层面不断探寻新的方式方法，围绕着学生的学习诉求以及能力，构建 WebQuest 模式全方位发展模式，应用短期和长期 WebQuest 模式结合的方法，让学生通过信息技术学习获得信息素养、学习能力、创新精神以及实践能力的总体提升，教师需

要根据教学实践过程中的实际结果进行修正，让 WebQuest 模式落地，推动高中信息技术教学水平实现进一步提升。

第六节　高中信息技术教学中的网络合作学习设计

网络合作学习是在传统小组合作学习的基础上，引入多媒体技术，在网络的虚拟学习空间中完成小组合作学习，小组成员之间通过互联网来开展讨论与学习，并最终将学习成果在网络上进行展示。

一、网络合作学习教学方案的设计思路

在高中信息技术教学中，网络合作学习的教学方案设计需要先进行教学分析，根据教学内容来明确教学目标。分析教学目标时应结合"最近发展区"原则对教学目标进行分解，将教学目标分解为一个个单独的问题，然后围绕这些问题设计导学案，并结合学生学情探讨教学方法。对教学内容的分析要确定教学中的重点、难点、疑点，比如《信息技术基础》第二章"信息技术的获取"中，"各种各样的信息来源""从互联网上获取信息""利用计算机获取信息""增强信息安全意识"为重点，而"电磁型信息源""利用运算符号连接关键词"等内容对于高中生而言，是学习的难点。

对教学进行分析之后，教师还需要对学生学情进行分析，包括学生心理特征分析、学生原有知识框架分析等。高中信息技术课程教学主要在高中一年级与二年级进行，此阶段的学生在自我理性约束与情绪控制方面较自觉，解决问题的能力也较强，具备合作学习的意愿与能力。高一与高二的学生可以熟练运用计算机来完成基本操作，掌握了一定的互联网知识，具备网络合作学习的条件。在高中信息技术教学内容中，有些知识需要学生在教师的指导下学习，比如"编程问题"；但有些问题可以在"网络合作学习"的模式下由学生自主或合作来解决，比如"利用计算机获取信息""在互联网上获取信息"等。因此，教师在高中信息技术教学中设计网络合作学习教学方案时，应充分考虑以上分析结果，进而确立正确的教学设计思路。

二、网络合作学习实施过程

（一）准备与组织阶段

首先，教师应结合学生的学情分析结果来划分网络合作学习小组，确定小组的规模

与类型，并且尽量使小组在整个高中学习过程中保持稳定，促使小组成员之间形成相互依赖的合作学习关系。其次，教师要确定目标，对高中信息技术课程中的必修模块进行划分，并将重点、难点、疑点等发布到师生同在的网络平台上，比如微信群、QQ 群或者班级博客等，然后在学生的参与下制订科学的教学目标。最后，教师应结合学生学情培养网络合作学习小组骨干，使其在网络合作学习中起到带头作用。

（二）实施与发布阶段

在实施网络合作学习教学时，每名小组成员要在多媒体教室中按照平时上课的习惯和要求，进入自己小组的虚拟学习空间，查看教师发布的学习任务单，并在教师的新课导入中进行网络合作学习。在网络小组中，每名成员都可以选择最适合自己的方式进行分工合作，或独自探索，或小组讨论，完成教师布置的学习任务。在网络合作学习中，对教学过程要实现双向监督，即组员相互监督与教师监督、指导和帮助。最后在完成小组学习任务之后，对学习成果进行发布，再由小组指派一名成员进行演示与讲解。

（三）评价与存档阶段

以小组为单位完成学习任务之后，先是小组内进行讨论与自评，得出小组最为理想的结果后开展组间评价。将小组学习成果发布出去，由另外的小组进行评论，并对评论结果进行反馈，然后小组结合其他组的评价进行学习与讨论，进而形成新的学习成果。然后将新的学习成果发布到班级网络平台上，比如班级博客或学习园地，由教师对每个小组的学习成果进行评价，并进行成果总结，在班级开展讨论，进行答疑解惑。最后小组将最终的学习成果进行存档，以供后期复习巩固之用。教师还要结合每个小组学习任务的完成情况布置有针对性的课后作业，让学生在课后完成课外的网络合作学习。

（四）延伸与扩展阶段

在课后，学生依然以网络小组的形式，完成教师布置的作业，并对下一节课的学习目标进行预习与讨论，将问题反馈到班级网络学习平台上。此外，小组还可对自己感兴趣的问题进行讨论与学习，完成对课堂学习内容的拓展。

这种网络合作学习模式不仅充分发挥了信息技术的优势，激发了学生学习信息技术的兴趣，而且培养了学生的综合能力，大大提高了他们的自主探究能力与团队协作能力。教学实践也表明，基于网络合作学习模式的高中信息技术教学取得了更为突出的教学效果。

第七节　高中信息技术教学中编程模块教学活动设计

一、当前高中信息技术课程编程教学活动的现状分析

当前人工智能的快速发展，也带动了编程教育的进一步发展，国家对于信息技术中的编程教育给予了高度重视，并且在政策上给予了一定的支持。高中阶段信息技术课程内的编程教育，是学生在全面熟悉编程语言的前提下，提升其借助网络解决现实问题的有效方式。但是，当前高中阶段编程教学却仍旧存在着如下几点问题：第一，课堂教学环节方式呆板化。编程本身是一项富有创造力的工作，通过编程语言的合理有效运用，可以编写出不同类型的软件等。但当前课堂教学环节所用的教学方式，却并未遵循编程课程的创造性。具体来说，教师在讲课的过程中，通过集中控制学生的电脑，做出集体化的代码编写演示，并在结束演示之后，让学生自行进行模仿练习，这种方式只能在基础理论知识的掌握上发挥作用，一旦学生需要依据实际的需求自行编写符合使用需求的模块时，则会完全无从下手。第二，学生学习主体地位得不到尊重。教师在编程教学中始终占据着主导地位，学生只能被动接受有关知识，并且学生基本都是各自完成教师下达的任务，缺乏有效的沟通交流。忽视学生学习主体地位的教学方式，再加之缺失结果的输出，极大地削弱了学生在编程学习方面的兴趣，又何谈编程教学质量的提升。

二、高中信息技术课程编程教学模块设计分析的要点

编程教学设计的改进。从相关的教学实践结果来看，编程教学的教学效率及学习质量提升，依赖于学生的实际学习需求和教学之间的契合程度，也正是因为之前的编程教学呆板地按照教材内容进行演示及教学，才导致整个编程教学活动效率较低。有鉴于此，在优化编程教学活动的过程中，需要针对教学设计做出相应的改进，在方式上可以选择学生信息调查法，通过使用网络问卷调查等形式，将学生对于即将学习的章节中感兴趣的内容和自己最容易接受的教学方式做出全面的了解，以此来设计出一个合理的编程教学方案。比如，在教师整理调查数据之后发现，学生对界面设计的部分有着浓厚的兴趣，就可以在教案中适当地扩大界面设计部分的知识占比，以便为教学工作的顺利落实提供相应的基础。

自主学习模块的设计。由于编程本身带有较强的创造性，也就意味着教学环节中需

要增设创造活动模块，而其前置条件就是自主学习模块，在学生自主学习及掌握基本的理论知识和操作之后方可开展创造性的活动，这一模块的设计需要注意如下的几点：第一，以情景导入为基础激发学习兴趣。在学生开展基础知识和技巧的自主学习之前，教师需要以生活中的实例作为基础来建设一个极为真实的生活化情景，将学生对于所学新知识的排斥感有效消除；同时，这也是一个很好地激发学生对编程活动兴趣的有效方式，并可以在学生始终保持高昂学习情绪的基础上，提升教学效率。第二，教学目标的明确。教师需要将编程教学的目标告知学生，这不但是教师教学方向及学生学习方向明确所必需的，同时也可以帮助学生全面了解自己所学知识的大概及自己需要完成的任务，保障学生以最快的效率完成知识的学习。第三，借助监督引导培养学生的自主学习能力。教师在学生自行学习编程知识的环节中，教师需要做的就是掌握课堂节奏、为学生提供学习指导和帮助，让学生从自身的学习水平和需求出发自主学习需要的编程知识。除此之外，在之前的课堂情景导入环节中，教师已经将一些图形编程软件的基本操作向学生做了展示，学生可以在学习理论知识的同时搭配上简单的编程软件操作，深化对于编程理论知识的理解，通过引导逐步培养出学生的自主学习能力。

编程创作活动模块设计。这一活动模块的存在就是为了帮助学生进一步熟练应用编程软件操作，具体而言，这一活动的模块设计需要注意如下的几点：第一，项目的展示及模仿。教师需要为学生详细讲解优秀编程项目的各方面资料，并为其提供必要的指导，确保可以有效地完成这一项目模仿工作，并以此激发学生编程方面的创造灵感。第二，创造性编程项目主题的制定。教师需要将主题下隐藏的内容、任务和注意事项全部告知学生，但不需要在具体的项目类型及项目标准上做出明确的规定，以便学生能够全面发挥创造激情，并在这个过程中逐步培养其创造能力。第三，监督引导学生的小组项目创造。教师在这个环节中，只需要确保学生的创造活动维持在正轨上即可，并为其提供必需的项目时间指导，确保学生可以顺利完成创造型项目，在帮助其熟练操作的同时提升其学习信心。

高中阶段的信息技术教学中，编程教学占据着十分重要的地位，但其中依旧存在教学方式呆板及学生主体地位不受尊重的问题，为了更好地解决这些问题，不断提升教学效果，需要以教学设计的合理改进为基础，通过开展自主学习及创造学习活动，提升学生的编程学习水平。

第四章　高中信息技术教学方法研究

第一节　高中信息技术程序设计教学方法

简单来说，当前我国高中已经意识到了信息技术程序设计教学的重要性，并已积极将信息技术程序设计学课程作为一门重点教学课程，鼓励学生积极加入该项课程的学习中去。为此，本节重点就如何开展兴趣信息技术程序教学课程展开了详细的论述，希望能为信息技术课堂教学的改进提供良好的经验和借鉴。

一、程序设计教学过程中要遵循的基本规律和基本原则

（一）将直接经验与间接经验相结合

当前，在高中信息技术程序设计的教学过程中，教师首先需要遵循将直接经验与间接经验相结合的基本原则。这是指教师在进行程序设计教学的过程中，不能仅仅按照课本中的知识难度对学生进行教学，而是应该结合课本中的知识难度以及自身教学经验对课本中各类知识的难度及重要性进行分析，进而列出教学内容的重难点。此外，在对学生进行程序设计的教学过程中，教师还应拿出部分较为简单的重点算法令同学们进行讨论与思考，从而更好地培养其思维能力与创新能力。而对于一些十分晦涩难懂但重要性较低的算法，教师可以适当地降低对同学们的要求，从而使学生得以空出更多的时间对重要性较高的算法进行学习。

（二）发挥学生学习的主动性

在高中信息技术程序设计的教学过程中，教师还需要进一步发挥学生学习的主动性。学生是课堂的主体，教师要从传统的教学观念和教学方式中走出来，做好学生学习道路上的引导者，指引学生在程序设计课堂上找到学习的兴趣，进而激发学生学习的自主意识和进取精神，只有这样学生的能动性才能真正得到提升，进而在高中信息技术程序设计课堂上充分发挥出自己的能力。在激发了学生的学习主动性后，教师可以适当地带领

学生去探索课堂更深层次的奥秘，学生也将在掌握基础知识的同时养成良好的分析问题和解决问题的能力。

（三）注重理论联系实际

同其他高中课程不同，程序设计教学课程更加注重联系实际展开教学。教师在教学过程中，除传授学生基本的程序设计理论知识外，还可以结合实际，培养学生的动手操作能力，只有这样学生才能深层次地掌握好高中信息技术程序设计这门课程。在高中信息技术程序设计课堂上，教师可以先进行基础理论知识的讲解，待学生有了基本的了解后，再引导学生运用所学的基础知识，在程序设计课堂上提出问题，并让学生通过实践找到解决问题的答案。

二、现阶段程序设计教学中存在的问题

当前，我国高中程序设计教学中主要存在以下问题：教材设计缺乏以算法为核心的编程题以及教学过程中缺乏可以辅助学习的有效途径。高校现有的程序设计教材过于单一化，所涉及的知识点并不全面，大多以对语句语法的深入剖析为重点教学设计部分，严重缺乏以算法为核心的编程题教学；学生在这一过程中并不能较好地掌握编程题要点，真正接触到知识点的时候也较少。造成这些问题的主要原因是：首先，教材中关于算法编程题的知识点设计过于薄弱，能够引发学生兴趣的编程题涉及过少，学生在上机操作时对于程序部分根本无从下手。其次，教师在教学过程中无法找准良好的教学方式，一味地大满贯，在讲解完基本理论知识后，当即要求学生自主完成编程任务，学生还没消化好知识，在这一过程中极易养成厌学心理，不利于后续的学习。

三、加强程序教学质量的措施

（一）打破原有知识结构体系

高中的程序设计课程在选材上大多依据先理论后实践、先语句再程序的顺序进行教材的安排。此种情况很容易使得程序设计课堂长期存在教学枯燥的现象，学生的注意力很难集中起来，进而无法提高课堂教学效率。当前，在教学改革背景下，高中所要做的就是打破原有的知识结构体系，结合教学课堂的实际需要，在课改中感受新的知识。教师要尽可能地将实践教学引入程序设计课堂中，由教师带领学生由浅入深地感受程序教学课堂。

（二）巧设情境，布置任务

一个好的教学情境能够在一定程度上引发学生的情感共鸣，让学生能够处在一个高度集中的精神状态下，使学生更容易融入程序设计课堂的学习氛围中。这一过程也是激发学生学习积极性的一个过程，学生对于知识的理解以及记忆能力都将得到相应的加强。教师可以根据课堂教材所涉及的知识点，设计出一些发问点，在课堂上给学生布置相应的学习任务，让学生在解决问题的过程中充分感受这门课程的趣味性。当然，这一过程对于教师课程设计理念的要求也较高。

（三）注重引导，提升学生的综合编程能力

身为一名合格的高中信息技术程序设计教师，要在课堂教学过程中做好教学引导工作，带领学生在学习过程中养成良好的学习习惯，由浅入深，进而让学生真正掌握相关的程序设计技术，提升学生的综合编程能力。这一过程是一个缓慢的过程，学生也只有在日常学习过程中做好相关积累，才能从根本上提升自己的编程能力。教师也要不断强化自身课堂教学效果，尽可能地给学生呈现更好的教学成果。相信在学生和教师的共同努力之下，高中信息技术程序设计课堂终将有一个全新的转变。

综上，在本节的研究中，重点就"高中信息技术程序设计教学方法初探"这一话题展开了一个深刻的论述。在这一过程中，可以看到，对于学生而言，在高中教学课堂中开设程序设计课程能够在很大程度上提高他们分析问题、解决问题的能力，学生在学习这一课程的过程中自身的创造性思维也能够得以养成。可以说，在高中教学课堂开设信息技术程序设计教学有着较为深远的意义，高校应该及时意识到这一点，充分改善程序设计课堂，有效利用起计算机技术，让新时代背景下的教学课堂能够更加符合现代化教学改革的实际需要。高中课堂开设程序设计教学的根本目的也是为了充分培养学生的信息技术素养，让学生在学习过程中对现代化程序设计理论有一个正确的认知，进而能够在日后的程序设计课堂中投入更多的精力，真正培养基本的程序设计能力。

第二节 多元智能理论中的高中信息技术教学方法

随着新课改的深入，多元智能理论也在高中信息技术教学中得到了广泛的使用。那么什么叫多元智能理论？在高中信息技术教学中使用多元智能理论有必要吗？如何有效地在高中信息技术教学中实施多元智能理论，才能让多元智能理论在高中信息技术教学中发挥应有的作用？本节对这几个问题进行了论述，希望找出最优的方法更好地服务于我们的信息技术教学。

一、多元智能理论简述

"多元智能"是针对传统的二元智能提出来的理论，最初是由美国哈佛大学教授霍华德·加纳提出。霍华德·加纳是研究认知心理学和教育学的专家，他于1983年在他出版的著作《智力的结构》中首次提出了多元智能这一理论，这一理论有着全新的意义，对比传统意义上的言语与逻辑两个智能理论，霍华德·加纳认为智能应该是多元的，而非一元或者二元，他认为至少包括八个方面的智能，即言语语言、数理逻辑、空间智能、音乐韵律、身体运动、人际沟通、内省智能及自然观察八种智能。这八种智能理论应该在个体身上相对独立存在着的、而又与特定的认知领域和知识领域相联系。具体在每个单个的受教育者的学生身上，我们认为霍华德·加纳提出的多元智能以及其不同的组合构成了每个学生不同的智能结构；同时，对于绝大多数的学生个体来说，他们可能在某个或几个智能方面特别突出，而其他智能方面相对较弱，这就要求我们每个教育工作者在日常的教育教学过程中，要关注不同智能活动的实施，尽量地挖掘不同学生个体身上表现出来的潜在的、优越的潜能与智能，竭尽全力地让学生在某个方面或多个方面得到有效的发展与提高。

二、运用多元智能理论指导高中信息技术课程教学的必要性

信息技术课程标准里面对中小学信息技术课程的目标是这样描述的："通过信息技术课程使学生具有获取信息、传输信息、处理信息和应用信息的能力。培养学生良好的信息素养，把信息技术作为支持终身学习和合作学习的手段，为适应信息社会的学习、工作和生活打下必要的基础。"

但是，纵观当前高中信息技术课堂教学的现状，以上的课程目标是无法得到贯彻与实施的。主要原因在于：第一，高中学生的个体差异性很大，而且每个阶段的学情都很复杂。第二，大部分教师目前的教学模式依然采用"我讲你听，我说你做"的形式，有的地方为了对付会考，干脆直接搞题海战术，让学生背诵或者操作一些考试的重点内容或章节，这种完全以会考为目标的教学方式会让学生觉得高中信息技术教学很枯燥，时间长了，基础差的学生甚至出现厌学的心理，学习基础好的学生也懒得听课，他们会觉得没有新意。

所以，为了提高高中信息技术教学的有效性，运用多元智能理论指导高中信息技术课程教学越来越有必要性，教师要精心教学，提升学生的多元智能，采取恰当的教学方法是解决问题的关键。

三、多元智能理论与高中信息技术的切入点

随着教育的发展，多元智能理论已经在各个学年段，各个学科得到了推广和运用。在高中阶段，信息技术既是一门实践操作技能课，也是一门基础知识理论课。教师要千方百计地找到多元智能理论与高中信息技术的切入点，搞好课堂教学。

信息技术要使用到多媒体和网络，这是核心内容，同时这也给学生提供了良好的多元智能发展的环境。使用多媒体与网络，学生可以进行相关的文件处理、数据分析、作图绘画、编曲欣赏等，学生也可以使用多媒体和网络进行交流。

高中信息技术学科有自己的特点，而这些特点恰好可以用多元智能理论来实施教学。信息技术学科综合性强，但是也具备人文性特点，有技能操作，也有基础知识的理论学习。信息技术的工具性与人文性与多元智能理论提出的开发学生的多元智能、促进智能的全面发展是一致的。

多元智能理论与高中信息技术教学的改革精神相一致。高中信息技术新课改要求以培养学生的信息素养为目的，主要体现在形成与信息社会相适应的价值观和责任感上，即知识与技能、过程与方法、情感态度与价值观这三方面。这正与多元智能理论不谋而合。

四、多元智能理论在信息技术教学中的应用

培养学生的言语智能。作者认为这里的言语能力主要是指学生的听、说、读、写各个方面的能力，这些能力对于学生学习知识起着决定性的作用。在目前的高中信息技术课堂上，教师大多数重视动手操作能力的教学，忽视了学生言语能力的培养。这样的做法是很不明智的。我们不仅要培养学生的操作技能，也要培养学生的言语能力，为学生的学习打基础。比如教会学生处理 Word 文档后，让学生就自己完成的作品进行解说，说说自己的设计意图和思路，还可以让学生互相交流学习，培养学生的言语智能。

增强学生的数理逻辑智能。在高中信息技术学习过程中，学生会接触到《算法与程序设计》，这些内容比较难，需要学生会用 VB 来进行编程，实现算法，完成程序设计。教师在教学这个内容时，要让学生学会用不同的方法解决不同的问题，给每个学生打开数学—逻辑智能的空间。比如编程教学案例"利用循环结构来实现打印图案"。这说明高中信息技术的编程教学能够发展学生的逻辑智能。

培养学生的空间智能。在高中信息技术教学中，教师可以教学中常用的软件来培养学生的空间智能，常用的软件有 PPT、Photoshop、Flash。比如让学生利用 PPT 制作环保宣传片。宣传片的内容必须包含优美的文字、美丽的艺术字、动人的线条、漂亮的图片，

学生根据自己的喜好自行排版样式，尽量发挥想象力，每人都要创造出别出心裁的作品。这样的教学，一方面开发了学生的空间智能，另一方面也加强了学生的情感教育。

培养学生的音乐智能。音乐既能营造愉悦的环境，也能陶冶人的情操。在高中信息技术课堂上，教师可以适当地播放音乐，让学生在轻松的环境下，乐于学习。比如我们在教学生学习 Photoshop 时，就可以利用软件播放歌曲，让学生边听歌曲边操作软件学习，甚至可以把自己喜欢的歌曲插入到软件中作为背景音乐播放。这样的做法不仅能培养学生音乐智能，还能制造友好的课堂气氛，让课堂充满了生机。

提高学生的人际沟通智能。良好的人际沟通能力有利于学生在学习过程中进行有效的合作学习，形成学习互助互补。在高中信息技术教学中，我们可以通过小组合作学习来提高学生的人际沟通智能。比如我们可以给学生布置一个编程任务，让学生自行搭配组合成 4 人小组，然后指导学生进行组内讨论，每个组寻找合适的算法来进行编程。小组与小组之间也可以互相学习、交流、借鉴，这样有利于学生拓展思维，形成学习的自觉性。任务完成后，教师可以让每个小组推选一位同学出来就自己的编程思路进行展示、解说，其他同学进行讨论与研究。这样更加有利于学生之间的交流。

评价方式多元化，培养学生的内省智能。以往对学生的学习进行评价的方式很简单，都是以学习成绩论英雄，这不利于学生其他能力的发展。随着新课改的实施，我们现在基本都采用以形成性评价机制为主，采用的形式有自评、师评和生评。这样的评价方式有利于激发学生的潜能，让学生认识到自身的不足，同时也要看到自己的优点，从而在学习中反思，在反思中成长。作为一名高中信息技术教师，笔者对学生的评价方式是从综合成绩与表现来考量，评价的内容包括平时作业、课堂表现和学期末的综合成绩。这样的评价能够从整体上把握学生的发展情况，让学生能够扬长避短、发扬优点、改正缺点。除了笔者对学生进行评价外，笔者还鼓励学生自己对自己进行自评，还让学生之间互相评价对方，让学生自己或者同学发现自己的优缺点，学生更能虚心接受，及时改正，更容易将不同的声音和观点融入自己内心以达到提高内省智能的作用。

另外，在高中信息技术教学中，教师可以通过全身反应教学手段，培养学生的身体运动智能。教师通过指导学生解决问题，培养学生的自然观察智能。由于篇幅关系，这两个问题就不再赘述。

总之，作为高中信息技术教师，我们要在课堂教学中合理实施多元智能理论，有效地开展我们的课堂教学，这不仅对信息技术本身学科教学的开展开辟了新思路，更重要的是教师可以通过理论的应用，培养学生的信息技术素养，培养学生的多元智能，把学生打造成合格的建设者。

第三节　对分课堂下高中信息技术教学方法

近年来，随着技术的发展，教育理念被革新，人们的学习方式发生了很大的变化。新的课程改革要求教师在教学中要运用多种技术手段开展教学，因此，这一时期如慕课、微课、翻转课堂也相继出现。传统的教学模式也因此受到了很大的冲击，改善教学环境，提高学生的学习效果，是许多学者和教育家一直致力研究的课题。通过调查发现，对分课堂运用于语数外、理化生等学科较多，学生通过这样的方式学习积极性和学习成绩得到了极大的提高。因此，在信息技术课程教学中能否使用对分课堂呢？目前，信息技术课程在大多数中学使用的是传统的教师讲授的方法，学生的热情似乎并不高。笔者在延安大学的讲座中深受启发，思考如何将对分课程合理巧妙地运用于高中信息技术课程中，以此来提高学生学习的兴趣，提升学生的学习效率。

一、对分课堂概述

（一）概念

对分课堂是在传统讲授式课堂基础上融合了讨论的一种创新的教学模式。对分课堂重点强调两个核心要素，即讨论和讲授。以讨论为核心，把课堂的教学时间分为两部分，平均分配，一半时间用来教师讲授，另一半时间留给学生讨论。留给学生更多自主学习和个性化吸收的时间，学生不再是被动地接受学习，而是将二者相结合以讨论为导向，通过讨论的方式，鼓励学生积极主动地投入到课堂中去。因此，结合传统课堂和讨论式课堂的优势，克服了这种缺点，提出了对分课堂的方法来改革传统课堂。

（二）对分课堂的理念

对分课堂大体上可分为三个基本的步骤：讲授环节、内化吸收、讨论环节，简称PAD课程。

在讲授阶段，教师首先向学生介绍本节课所要讲解的内容及在教学中所占的比重，主要从基本框架、基本概念、教学重难点及课时计划等方面展开讲授，与传统的教学模式相比，对于教师而言，这一阶段降低了讲课的负担。

内化吸收阶段即课后学习阶段，主要是学生在课下根据自己的学习风格和学习特点进行资料查阅，根据自身的实际情况和学习节奏去内化吸收，全面学习与理解教材内容，这个阶段是学生输出的最佳时机。

讨论阶段又一次回归课堂。根据班级情况将全部人数合理化分组，学生复习上一节课的内容，然后小组讨论教师留下的生成性问题，并结合上节课所学内容展开深层次的交流。最后，全班同学和教师进行深入互动。经过教师讲授、课后复习和小组讨论三个阶段，学生对知识的理解水平逐渐提高。

这种教学法强调过程性评价。学生参与课堂的表现及平时作业通常占考试成绩的50%，期末考试占50%。这种模式尊重不同学生的差异，与分层教学的特点相吻合，在一定程度上体现了个性化教学。

（三）对分课堂的特征

对分课堂具有以下几个特征：

1. 大规模

对分课堂克服了小规模化教学的弊端，简单易懂，易于学习和使用，且随时可用，不需要投入大量资金或者购买设备，适用于所有教学科目，所有教师都可以用这种方法来实施自己所教的科目，且这种模式不管是在理工科还是文史科中都一样，人越多讨论分组的方式越好，一般以 4 人为一组，大型教室和小型教室均可容纳不同数量的学生，并广泛用于大学、中学和小学。

2. 融合性

对分课堂与传统的讲授法和讨论法相比，它的优势在于彻底突破传统教学模式，在二者的基础上，有机地融和了讲授和讨论，重在培养学生的核心素养，让每一位学生都积极参与到课堂的讨论中去。既提高了学生学习的兴趣，又培养了学生的批判性思维和创造性思维。

3. 高效性

对分课堂不仅强调教师的重要作用，还保证了知识体系转移的有效性，确保学生充分参与、深度学习和原创学习，打破了传统教学方法的刻板化，极大地改变和提高了学习效率，大大提升了学生的考试成绩。这个高效性主要体现在对分课堂的讲授与讨论时间分配的合理有效性及学生课堂讨论的高效到最后学习知识的效率上。

二、对分课堂运用于高中信息技术教学的可行性分析

对分课堂简明扼要，易于在课堂上使用，核心理念是在"学生中心"和"教师中心"之间利用丰富而深入的教育和心理学原理，使东方教育和西方教育之间保持一种平衡的状态，强调自主学习，体现中国传统文化的意义。通过划分课堂，学生可以独立学习、独立思考、提出问题、讨论问题，这是批判性思维的关键要素。21 世纪核心素养提出

要培养学生的创新思维和批判性思维，而对分课堂则改善了教师、学生之间的人际关系，有效地培养了学生的社交技能，顺应了时代背景对人才的需要。

一方面，随着现代社会的发展，技术的变革促使传统教学需要进行改革，要求教师改变教学观念和教学方法。另一方面，信息技术能力已成为现代社会发展的重要技术，信息技术能力主要体现在学校的信息技术课程培养学生收集和处理信息的能力。高中信息技术学科是一个综合性的课程，关注所有学生的全面发展，通过学习信息技术课程，提升学生信息素养，为在所有学科教学活动中应用信息技术提供了坚实的基础。如果将对分课堂运用于信息技术课程中，不仅符合基础教育课程改革的需求，也适合学生的发展需要，对培养学生的核心素养有着十分重要的作用。

三、对分课堂运用于高中信息技术的教学设计

（一）第一课堂讲授环节设计

第一课堂主要包括课前准备、讲授知识、课下复习三个环节。

（1）课前准备。首先，确定教学主题，并非所有的教学内容都适用对分的模式。对分课堂的特殊性决定了教师在确定教学内容时要尽可能选择讨论性较强的问题，以便于学生思考，根据学习者特征来分析教学内容，因此，这一步至关重要。其次，设计具有指导作用的习题给学生。最后，要设计生成性问题，要具体、有深度，在一定程度上能够启发学生的思维，教师讲授知识的深度对学生思考问题很重要。本节以广东版高中信息技术必修模块"信息技术基础"第五章信息资源管理为例，其难度适中，适合采用对分的方式教学。

（2）讲授知识。本章内容第一节以讲授知识为主，使用传统的教学模式以讲解为主，教师对本节课的内容和知识框架进行简明阐释，让学生了解整体的框架，为学生后边的学习厘清思路。对分有当堂对分和隔堂对分，本节采取隔堂对分，即在教师讲授完本节课的知识后，在下一节课学生来探讨交流。

在课前，教师提前做好教学准备，查询几类填空模型的成语，例如，画龙（　）（　）、（　）积（　）累、万（　）千（　）等类似的成语，提问学生用什么方法获取答案，由此引出新的学习内容——数据库的使用。然后教师对本节课内容进行分析，让学生知道所学的内容在本章中所占的比重，教学目标是什么。

（3）课下复习。这一环节类似于课后学习，包括学生自主学习和信息反馈。学生自主学习是针对教师留的问题进行自学。因此，这一环节教师可根据讲授内容适当给学生留有生成性的问题，让学生在课后自己查阅资料，利用搜索引擎查找到多个版本的电子

成语词典。教师根据情况及时引导对下载的电子成语词典在功能等方面进行评价，并提供已经下载的电子成语词典演示，让学生在课后自行体验下载安装，并运行这个软件，采用自己喜欢的方式，精确地查找成语。

体验完成后，对个别查询不到的成语在哪里能找到词库？如何修改词库？如何尝试在词典库中"制造"一个自己的成语？学生在自主学习中遇到的问题可以通过微信、QQ 等社交软件进行沟通，以便教师能够实时地掌握学生的学习动态。

（二）第二课堂讨论交流设计

在学生课后复习的基础上，学生是带着已有的问题和知识来讨论学习的，这一环节相当于是学生内化吸收的环节，是基于上一课所学的内容和课后的复习来展开学习交流的，也是第二课堂交流讨论的阶段。对这一部分，根据教学需求，将分为分组讨论、学生发言、作业提交及教师总结环节。

（1）分组讨论。针对学生在平时课堂的表现，按照机房座位将学生进行异质分组，四人一个小组。以小组为单位回顾上节课教师讲解的数据库使用的技巧，并针对留有的生成性问题进行讨论。讨论以探究学习的方式进行，讨论时间为 20 分钟，通过讨论，让学生更好地进行交流，表达自己的观点。讨论阶段教师要善于观察每个小组甚至每个成员的参与度，根据讨论的情况及时打分。

（2）学生发言。每组学生的讨论情况最后要汇总交流，进行全班组间交流，随机抽取一位学生代表发言，与传统的代表发言不同之处是教师随机挑选一名学生，让每位同学都有发言的机会，而不是小组推荐代表。这样的好处在于避免上个环节学生不参与课堂讨论的情况发生，增强学生学习的积极性，对教师而言，可以提高教学效率。

（3）作业提交。讨论与评价环节是学生过程性评价的依据，是平时成绩的一部分。首先学生的课堂成果展示及表现都要纳入到最终的评价中。其次是答疑解惑的环节，这一环节小组展示成果，其他同学发现问题、提出质疑，教师在这一环节可以直接现场答疑解惑。最后是师生合作评价。教师和学生共同评估每个小组的课堂参与和课堂表现。讨论完成后，学生通过系统来提交作业。对分课堂教学模式更注重过程性评价，以百分制作为考核标准。

（4）教师总结。在本课程结束后，教师需要根据学生在课堂上的综合表现、讨论情况、发言情况等进行总结，鼓励学生在今后的学习中积极参与课堂。总结完课堂学习讨论情况，教师要对学生在课堂中存在的问题，有针对性地总结并在合理的基础上给予适当的意见，对学生的反馈信息及时给予评价，促进师生之间平等地交流与对话。

在总结的最后，教师要特别强调本节课学习的重点及下节课即将进行的学习内容，做到承上启下，调动学生的积极性，实现每一阶段教学活动的顺利开展。

（三）对分课堂反思设计

对分课堂结束后，教师要对教学做出反思，学生也同样需要反思。对分课堂结束后，学生要根据第一课堂和第二课堂的学习来进行反思评价，学生反思环节十分重要，对课堂讨论的内容，时间的分配，小组合作交流、师生交流及学习的效率等学生都可以畅所欲言，提出合理的建议。教师则要反思教学中学生的表现，尤其是交流讨论环节学生是否有较高的兴趣，对分课堂是否达到了预期的实施效果，课程内容的讲解是否清晰到位。通过反思，不断改进并探索新的教学方法。将教师的反思与学生的反思相结合，这样能够更加清楚地了解对分课堂在高中信息技术课程中的适用性。

作为一名信息时代的教师，应着眼于现代教育技术手段和理念，提高教学成效。对分课堂需要教师熟悉教学内容，综合考虑学生的整体情况，在第一课堂做好知识的讲授、第二课堂上将学生正确分组讨论；同时还应具备一定的教育机制，能够快速解答学生的疑惑。新的教学模式在一定程度上激发了学生的学习积极性，提高了语言表达能力。与此同时，也给教师带来了巨大的挑战。为了控制好对分课堂，教师必须在课前做好大量准备才能回答问题。因此，对于信息技术教师而言，新的技术和理念是必备的，必须不断学习，提升自身的综合能力，用新的想法、新的教学理念指导学生，帮助学生实现个性化学习和自主学习。

第四节　基于学案导学的高中信息技术教学方法

高中阶段信息技术的具体教学中，教师需帮助学生促进其视野的拓展，勇于突破学生在实际学习中存在的局限性思维，并注重师生互动氛围的创设。对于高中阶段的信息技术而言，其课程内容通常较为抽象，且教学以及学习任务都较为繁重，想要在短暂的时间内实现教学质量的有效提升，就需注重教学手段与方法的不断创新。而学案导学法运用于信息技术的教学中，可以促进其优势的充分发挥，使信息技术的整体教学效果得到有效提升。同时，学案导学法具有显著的引导性，这不仅能够使学生处于科学化框架内开展学习，而且能保证学习效果与质量得到提升。因此，在高中阶段的信息技术的教学中，教师需注重与学生紧密配合，积极引导学生实施自主学习，从而使信息技术的具体教学效果得到显著提高。

一、学案导学法及应用的必要性与原则

（一）学案导学法内涵

学案主要指课堂目标及其落实的载体，其将构建新知、学习设计、合作探究、反馈评价等相关教学过程进行有效融合，既属于教案，也属于学案。而对于学案导学而言，其内涵就是以对学习课程的理论与概念的研究为中心，将他人所制作的作品展示作为目的，以不同的手段与资源开展相应的探究活动，以促使在相应的时间内容，实现问题解决的一种探究式学习方式。在高中阶段的信息技术的具体教学中运用学案导学，主要是将学习方案作为载体，将导学作为教学目标的一种教学方式，充分突破了传统化教师讲解学生听讲的方式，其通常可以使教师教学及学生学习的观念得到有效转变，其不仅有助于教师从传统化教学中脱离，对学生的学习进行相应指导，而且能使学生由要我学转变成我要学，以促使学生在学习中的主观能动性得到全面激发。

（二）学案导学法应用的必要性

高中阶段的信息技术实际教学中，学案导学法运用的必要性具体表现为：①学案导学法的优势所在。将学案导学法运用于信息技术的具体教学中，教师可把学生自身的成长规律以及学科教学内容作为依托，并对教学方案进行科学设计，将教学方案作为引导，引导学生积极主动的学习信息技术的相关知识。由此可知，学案导学法有效迎合了当前高中生对于学习自主权实现的渴望，这不仅有利于学生抛弃对传统化教学的成见，而且能使学生积极主动的对信息技术的相关知识进行探究，以此构建浓厚的课堂氛围，并使高中生形成良好的信息素养。②符合高中生对自主学习的个体诉求的渴望。对于高中生而言，其正处于青少年实现有效成长的关键阶段，其心智也逐渐成熟，特别是对于怎样学习、如何学习、学习什么等相关问题，大部分高中生已经有了自己的选择与判断。因此，信息技术的具体教学中，通过学案导学当中的导学功能，不仅能充分呈现学生在课堂学习的主体性，而且能使学生在课下积极参与相关活动，从而实现高效学习。

（三）学案导学法应用的原则

高中阶段的信息技术应用学案导学法，不仅有助于学生学习信息技术的兴趣提高，而且能促进教师教学负担的减轻，从而真正地实现高效教学的效果。在具体应用学案导学时，需注重以下原则：第一，细致化原则。信息技术在开展学案编辑中，需注重细致化原则的把握，促进教学内容的详细划分，把相对简单的知识进行整合，把相对难的知识，依据知识间的联系，将其制成不同的学案内容开展教学。例如，对"Excel公式引

用地址"开展教学时,信息技术教师可将 Excel 公式的引用方法实施详细划分,并根据难易程度开展教学,这不仅能够深化学生对课堂知识的了解与认识,而且能使学生充分掌握相关知识内容。第二,提问式原则。对于提问式原则而言,其通常更关注学生被动接受相关知识的教学模式,并以提问式的教学方式,促使学生主动参与到具体学习中,确保学生在课堂上的主人翁地位得到充分发挥。同时,课堂教学中,信息技术教师可将相关知识点通过提问的形式展示给学生,以促使学生在思考中充分学习到相关专业知识。

二、学案导学法在高中信息技术教学中的应用策略

(一)基于课程预习的学案导学设计

预习通常指预热学习或启动学习,预习的主要进程就是让学生实现自主学习的过程,其属于发现、分析以及解决相关问题的环节,通常对学生理解以及记忆相关信息技术知识有着重要影响。预习属于上课前学生进行高效学习的重要过程,其主要内涵就是实现自主学习。高中阶段的信息技术具体教学当中,部分教师以及学生对课堂上的预习环节缺乏关注,只是让学生对相关学习知识进行随意预习,从而对信息技术的教学效果造成不利影响,因此,高中阶段的信息技术的具体教学时,教师需积极引导学生通过学案导学法开展预习。例如,对"获取网络信息的策略与技巧"实施教学时,信息技术教师可通过"获得信息方法""好的信息过程"等对导学案实施编写,指导学生回忆以网络获得信息的方法,实现导学案填写,并引出相应的教学主题。该期间,当学生遇到不能解决的问题时,就会主动查找相关资料或教材,以深化了解与掌握获取网络信息的相关方法,从而为后期的学习奠定夯实的基础。

(二)基于合作探究的学案导学法运用

对于每个学生而言,其都属于独特个体,且具备自我学习的优势与特点。信息技术的运用,其并非是断层式、割裂的存在,而是整体性与系统性的存在,因为,对学生的信息素养进行培养与提升,通常不能依赖学生个体的力量,因此,信息技术的教师可通过合作探究的方式运用学案导学法。例如,对"PPT 制作"开展教学时,教师可引导学生对 PPT 的具体制作流程的理论知识进行熟悉,然后通过电脑操作,将 PPT 的整个制作流程给学生观看,并布置相关的任务给学生,引导学生依据自身的爱好,制作相应的 PPT,以促使学生将学习的相关知识应用于实践。在对导学案进行自主设计时,大部分学生都会在自定义动画、插入图片大小的更改、切换特效等方面有一定的困难,此时,教师可引导学生进行交流,对其互相帮助的良好品质进行培养。学生经过合作探究,分辨率较高的照片就能使 PPT 急剧增大,此时,就需对其分辨率实施降低,在菜单的选项

"动画"中"添加动画"当中选择自定义,并将图片动画的效果设置为"旋转""淡出""飞入"等相关效果,从而使 PPT 更妙趣横生。

(三)基于知识总结的学案导学法运用

高中阶段的信息技术的教学完成后,教师可通过学案导学法,对章节知识实施分析与总结,以促使学生充分了解与掌握相关知识的内在联系。除此之外,教师可通过相关教学情境的构建,指导学生根据其学习经验,对相关重点知识实施深度探讨与分析,并引导学生根据其已具备的学习经验,提出问题,并通过师生、生生的互相交流方法,对具体问题进行解决。同时,信息技术教师还要注重对学生的预习状况实施点评,引导学生实施深入探究以及自我反省。例如,教师可引导学生通过小组探究的形式,对和Excel 相关的知识点与概念实施分析,并对 Excel 方法的操作流程实施归纳总结,或者引导学生根据自身的理解与体验,反思自身的实践操作,并对相关的操作技巧与方法实施创新,并加以实践。当学生充分掌握相关知识后,教师可指导学生深入的思考"Excel、PPT、Word"的功能与表格形式的相同与不同之处。经过对比探究的形式实施思考与总结,不仅能够使学生充分了解到不同软件的具体操作,而且能对操作中表格处理的方法与问题实施汇总,并通过教师的引导,对整体教学知识点实施梳理与归纳。

(四)基于科学评价的学案导学法运用

课堂教学快结束时,信息技术教师需依据学生所反馈的问题,帮助学生找到新旧知识之间的关联点,将特殊问题升为一般问题,以此对学生分析与解决相关问题的能力进行培养,从而使学生学会举一反三。同时,教师还需对学生的学习表现进行科学评价,以促使学生充分认识到自身学习的不足与优势。例如,在"Excel 表格"的教学完成后,教师可布置给学生相应的操作任务,引导学生通过在 Word 中插入 Excel 表,对其学习成果与知识的应用能力进行检验。在具体操作的时候,教师需到讲台下,仔细观看每个学生的操作步骤与做法,给予学生悉心的点拨与指导,以促使学生实现高效操作。对于课堂表现较为优秀的学生而言,教师需给予相应的表扬,以促使学生获取到相应的成就感,并调动学生对信息技术的学习热情。对于信息技术而言,其知识虽然较为烦琐,但实际操作却极其简单,教师需根据学生的日常操作,对信息加工的具体规律进行总结,从而促使教学效果的提升,并使学生日后遇到类似问题时,实现更好的学习。

综上所述,高中阶段的信息技术的教学中,通过学案导学法的运用,可以促进传统教学与信息技术有效结合,通常可以使信息技术的教学效率与质量得到有效提高。在信息技术的具体教学中,教师需充分关注学生自身学习能力的开发与挖掘,只有学生对相关信息技术形成浓厚的学习兴趣,积极主动参与到信息技术的实践中,才能达成学案导学法开展的目标与宗旨，从而使学生充分掌握相关信息技术，并使学生的应用能力得到有效提高。

第五节　高中阶段信息技术课的教学方法

结合创新教育理念，培养信息时代的高素质人才，笔者认为在高中阶段的计算机教学，应主要培养学生创新思维，不仅教会学生如何运用计算机处理信息，还要教他们如何自主学习。经过多年的信息技术实践，笔者在工作中总结了一些较为实用的经验方法，归纳如下：

一、运用多媒体等形式，激发学生学习兴趣，让学生感知知识

"兴趣是最好的老师。"只有学生对学习的内容感兴趣，才会产生强烈的求知欲望，自动地调动全部感官，积极主动地参与教与学的全过程。而今，在许多学科教学中，都充分地利用了多媒体技术，我们信息技术课尤其应利用自身的优势。如我们在讲授枯燥难懂的概念及理论时，制作简单的课件或使用现成的教学光盘等辅助手段，学生直观看到演示比用语言表达更易领会到内容，激发学生的学习兴趣，调动学生学习的积极性、主动性和创造性，使学生体会到利用信息技术学习信息技术的优势，促进学生主动学习，形成自身的创新能力。

二、创设情景，激发学生"想学"的动机，化被动学习为自主学习

未来社会的"文盲"，并不是指目不识丁的人，而是指那些不善于掌握学习方法，不会自主学习的人，所以，教师应有意识地贯穿学法指导。俗话说："授之以鱼，不若授之以渔。"教师告诉学生"是什么"，学生照单全收，但不知其"为什么"，告诉学生"为什么"，学生可以有所领悟，但最重要的是把从"是什么"到"为什么"的思维过程给忽略了。坚持让学生自主学习，哪怕学生自得自悟的能力还不够全面、深刻，但对提高其解决问题的能力有着不可估量的意义。

我们在教学过程中要注重引导学生学会学习，培养主动探索、总结、归纳的能力和创造能力。例如笔者在讲文字处理软件 Word 的使用时，涉及各种工具，如果只是枯燥地讲解功能及使用方法，会产生混淆，所以笔者先把 Word 工具的功能大致介绍一遍，然后演示一遍笔者用 Word 处理的各种特色不同的作品，包括论文、报表、版报、信、

贺卡、试卷等等，学生看到一个文字处理软件能做出如此丰富的效果后，对 Word 产生了浓厚的兴趣，并积极主动地自己设计、排版，创造出了许多好的作品，尽管有些比较粗糙，但这毕竟是他们自我创新的体现，并且，学生在自我创造的同时，轻松愉快地学会了 Word 工具的使用，比教师生搬硬套的讲解更具体、形象，由于学生在自我创造的同时自主学习，不知不觉地学会了 Word。

三、精心设计教学流程，分层教学、因材施教

在教学过程中，应注意依据新的教学内容，合理设计，不但要"备课"，还要"备学生"。一堂好的信息课，应有充分的准备。首先要将教材研究透彻，要将学生了解清楚，这样就可以根据学生的情况进行教学了。要注意精讲多练，精选内容，对容易的知识点的讲解可粗略一些，让学生探究学习；对难度较大的内容要想办法化难为易，可利用多媒体教学软件，教师边讲解边演示，学生边听讲边操作，实行手把手教学。其次要让学生多动手，学生对动手操作非常感兴趣，要给他们百分之七十的时间练习。最后学生学习和掌握的程度不一样，所以布置操作任务时不要"一刀切"，对基础好的学生，除完成基本操作任务外，可布置较高层次的额外任务，让他们去完成，这样既节省老师的教学时间，也给学生更多的练习机会，使他们获得更多的知识技能。

根据学生能力的不同，笔者对学生的教育和帮助方式也不同。在教学进行到"交流提高"这一步时，一些动手能力强的学生已经在老师的简单提示下完成了任务，然后请完成任务的学生和老师一起给没有完成的学生提供帮助，最终让所有的学生都完成任务。

四、营造轻松愉悦的氛围，乐中教、乐中学

信息技术课是一门知识技术理论性非常强的课程，同时也是理论联系实际、实践最典型的课程，就学习的过程本身而言是辛苦的。在教学过程中如果处理得好，学习者变被动学习为主动学习、自觉学习，既追求学习结果的实现带来的快乐，也能体验学习过程中的愉悦，这样学习就不会枯燥乏味，还会乐趣无穷，轻松愉快，在玩中学、乐中学。尤其体现在利用学生对游戏及网络的兴趣上。笔者在讲网络时，如果只单单拿着书讲，就会很难懂，并且不容易记忆，如果充分利用网络的优势，如 Internet 是世界上最大的知识库，我们可以有选择性地为学生提供些网站，要求学生上网查询资料读自己感兴趣的知识，看自己喜欢看的风光，了解国内外实事、大事。并且可以让学生尝试网上论坛，探索些他们在课本上看不到的科技，使他们感受到信息技术给人类带来的巨大变化，从而使他们了解到，信息技术课不只是教他们认识计算机结构，而是让他们意识到作为科

技高速发展的今天的新型人才，必须要掌握利用计算机处理信息，利用信息为社会各行各业服务，使学生对信息技术课产生浓厚的兴趣，形成探索创新的心理愿望，为他们今后走上创新之路打下基础。

教育工作，是一项常做常新、永无止境的工作。社会在发展，时代在前进，学生的特点和问题也在发生着不断的变化。作为有责任感的教育工作者，必须以高度的敏感性和自觉性，及时发现、研究和解决学生教育和管理工作中的新情况、新问题，掌握其特点、发现其规律，尽职尽责地做好工作，以完成我们肩负的神圣历史使命。我们正走在信息高速公路上，教育我们的学生应与时俱进，上好信息技术课是当今基础教育的重中之重，通过这门课能培育创新人才，也能带动其他学科学习，让我们为上好这门课努力吧！

第六节 高中信息技术教学培养学生信息素养的方法

信息素养，主要是指人们对信息进行获取、分析、应用的一种能力。在信息时代背景下，信息素养成为人们必备的素养，特别是处于学习重要阶段的高中学生，对其信息素养进行培养是非常重要的。现阶段，由于受到多种因素的影响，在高中信息技术教学中大部分教师都是利用灌输式的教学模式，没有考虑到学生信息素养的培养，进而导致信息技术教学效果始终不够理想。因此，在实际教学中，教师应摒弃传统教学模式，对自身的教学理念和模式进行创新和完善，通过形式多样的教学手段，让学生在扎实掌握信息技术的同时，形成良好的信息素养，促进学生的全面发展。

一、高中信息技术教学培养学生信息素养的重要性

信息素养主要包括信息意识、文化素养、信息技术，信息素养可以使人们科学合理地运用信息。在信息时代背景下，人们的日常生活充满了各种类型的信息，对信息的获取、评判是非常关键的。对高中学生来讲，对其信息素养进行培养，可以使学生对知识、技能进行快速掌握，在庞杂的信息中对自己需要的内容进行筛选，并进行利用，进而有效提升学生的学习效果和质量。与此同时，在高中信息技术教学中，对学生信息素养进行培养，符合新课程标准的要求和学生的发展需求，可以使学生成长为社会需要的人才。因此，在高中信息技术教学中培养学生信息素养是非常重要的。

二、高中信息技术教学培养学生信息素养的方法

（一）加强理论学习，培养信息素养

高中信息技术具有较强的综合性，要求学生不仅需要具备良好的实践操作技能，还需要学生具备扎实的理论知识。在信息技术理论知识中，涉及的内容较为广泛，对于信息技术实践操作有着较强的指导意义。因此，在实际教学中，教师想要培养学生的信息素养，需要加强指引学生进行理论知识学习。根据相关调查，大部分学生对于实践操作具有浓厚的兴趣，但是对于理论知识学习兴趣程度降低，这主要是因为理论知识枯燥无趣且难记忆。因此，在教学过程中，教师可以列举实际生活中的具体实例，使学生可以有一个感性的认知；然后教师可以提出相关概念，激起学生的学习欲望和兴趣，使学生可以加深对理论知识的理解和记忆。

例如，在讲解"信息与信息的特征"时，若要求学生直接进行记忆，很难实现长久记忆。这时，教师可以利用一些典型案例来解释理论知识，如在实际生活中超市节日促销活动、网上购物限时促销活动等。在典型案例的引导下，学生经过分析，对信息基本特征进行概括。通过真实的情境感受，使学生可以把理论知识和实际生活进行充分融合，在有效激起学生学习兴趣的同时，加深了学生的理解和记忆，有效提升了学生的信息素养。

（二）注重课堂实践，培养信息素养

在高中信息技术教学中，即便学生具备丰富的理论知识，若没有实践，是难以形成良好的信息素养和实践应用能力的。学生在具备理论知识后，需要通过操作实践，来培养应用能力，通过所学知识解决实际问题，进而促进学生信息素养的形成。首先，在教学方式上，教师应做到随讲随练，对学习任务进行明确，使学生可以记住要点内容，紧接着通过巩固练习，进而做到熟练操作。其次，在学生实践操作过程中，教师应适当地给予学生指导与表扬。教师应密切关注学生的操作情况，使学生感受到教师的关注，积极主动地进行练习操作，提升学生的自信心。最后，学生在对某实践技能进行掌握后，隔一段时间后，容易出现忘记的情况。这时，教师可以给学生布置一些相关的操作作业，要求学生进行巩固练习，这样可以起到温故而知新的作用。通过这样的教学模式，可以循序渐进地对学生的操作能力进行培养，进而实现培养学生信息素养的目的。

（三）利用课外实践，培养信息素养

高中信息技术教学注重理论和实践的结合，注重培养学生综合运用知识的能力。因此，教师想要有效培养学生信息素养，不应仅局限在课堂45分钟的时间，还需要结合

教材内容，指引学生进行课外实践活动，有效提升学生的信息素养。例如，教师可以要求学生利用各种浏览器，对好听的歌曲、电影进行搜索下载，和其他学生进行分享；要求学生利用图表处理工具 Excel 对班级中的测试成绩数据进行统计分析；要求学生对班级电脑 IP 地址进行修改，对 IP 地址设置方法进行感受；要求学生利用微信、QQ 等互联网通信工具，创建相同兴趣爱好交流群；要求学生制作电脑活动；等等。通过多种形式的课外实践活动，提供给学生更多的实际操作机会和平台，进而有效提升学生学习的积极主动性和综合应用能力，促进学生信息素养的发展。

总而言之，在高中信息技术教学中，对学生信息素养进行培养是非常重要的，不仅可以有效提升教学质量和效果，还可以为学生以后的学习和发展奠定良好基础。现阶段，由于受传统教学理念的影响，部分教师在教学过程中并没有给予培养学生信息素养足够的重视，以至于学生信息素养和水平难以得到显著提升。因此，在实际教学中，教师需要结合学生的实际情况，通过科学合理的手段，对学生展开信息技术教学，使学生可以在掌握信息技术基础知识和技能的同时，促进学生信息素养的形成。

第五章　高中信息技术课程教学研究

第一节　高中信息技术课程教学的问题

教育部 2017 年底公布的《普通高中信息技术课程标准（2017 年版）》指出："合理选用并探索新的教学方法与教学模式，学习、借鉴其他科目的成功经验，根据教学需要恰当地采用讲解、讨论、参观、实验等方法，做到博采众长、取长补短。吸收信息技术教学的成功经验，在继承的基础上大胆改革，从教学实际出发，根据不同的教学目标、内容、对象和条件等，灵活、恰当地选用教学方法，善于将各种方法结合起来。"然而，在当前的高中信息技术课程教学中，"一言堂""灌输式""填鸭式"的教学模式还是比较普遍的，严重影响了信息技术教学质量的提升。为了改变这种状况，我们在信息技术教学中尝试运用互动式教学模式，取得了很好的教学效果。

一、互动教学模式的内涵

所谓互动教学模式，就是在教学过程中两个或两个以上的人针对教学主题进行的有效探讨与交流，从而实现教师、学生及教学内容之间多层次、多方面的互动，以优化教学效果的教学模式。在该教学模式下，强调人和人、人和知识的双向交流，注重教与学的有效统一，突出学生主体性，发挥主观能动性，营造良好的教学氛围。所以，互动教学模式能够有效地把学生被动学习转变为主动学习，提高学生对计算机学习的参与度，为学生今后信息技术的学习奠定基础。

二、高中信息技术教学中应用互动教学模式的价值

互动教学模式是近些年来国内外一种新兴的教学模式，该模式有三种形式：一是教师和学生之间的互动，二是学生与学生之间的互动，三是教师和学生与计算机技术之间的互动。互动教学模式在高中信息技术教学中的优势主要表现在以下方面。

（一）营造融洽的教学氛围，增进师生之间的感情

在传统的教学模式中，表面看，教师是站着的，学生是坐着的。但实际上，站着的教师往往"高高在上"，是课堂教学的"中心"和"主宰"，坐着的学生则是处于被动的服从地位。教学常常是"我"讲"你"听，"我"写"你"抄，"我"做"你"看。师生之间"鸡犬之声相闻，老死不相往来"，缺乏有效的沟通和交流。而应用互动教学模式下，"我"和"你""在一起"，结成"学习共同体""师生之间、生生之间积极互动、共同发展"，大家在质疑、探究中共同进步。互动营造的教学氛围是融洽的，师生关系是和谐的，师生情感是真挚的，因此，学生能够积极拓展思维，增强对知识和技能的理解，形成自己的观点，很好地促进高中生的成长。

（二）落实学生的主体地位，调动学生学习的积极性

互动教学模式从根本上改变了传统教学中教师"唱主角"和"主宰"课堂教学的局面，使学生从原来的被动接受式学习转换为主动合作、探究学习，在学习过程中充分彰显学生的主体地位，激发学生学习的积极主动性和学习兴趣，让学生在课堂上更加专心、专注，为学生创造更多的学习时间和空间，提高学习的质量。

（三）提升学生的计算机技能，培养学生的创新思维

传统的信息技术教学模式下，教师与学生之间缺乏应有的沟通交流，教师"一言堂""满堂灌"，不停地将知识"灌"给学生，而学生只是被动地接受知识，没有时间"消化"吸收，更没有时间思考。久而久之，"用进废退"，学生就丧失了独立思考的能力。而互动教学模式，让学生在课堂中唱"主角"，与教师、学生之间积极交流自己的思想、观点，在课堂上畅所欲言，真正变成了课堂的主人，将计算机知识融会贯通，不仅提高了计算机技能，而且培养了独立思考和创新能力。

三、高中信息技术教学中应用互动模式的策略

高中信息技术教学中应用互动模式不是为了让课堂热闹、气氛热烈，不是为了让课堂"看起来好看"，而是为了调动学生学习的积极性，培养学生的自主探究能力，自觉掌握计算机应用技术，进而提高信息素养。因此，教师应根据学生特点，探索互动教学模式的应用策略。

（一）创设问题情境，实现有效互动

创设问题情境，可以让学生思维处于"愤""悱"状态，积极思考，主动学习，有效互动，提升教学效果。以 VB 一课为例，教师可以创设这样的问题情境：怎样编写图

片浏览器程序？学生基本掌握相关基础知识点后，由教师对核心知识点进行细致讲解，再继续创设相关问题让学生们思考：程序中是否还存在缺陷？如此编写是否合理？这种创设问题情境的互动教学，可以实现师生的充分互动，让课堂充满生机。

（二）鼓励学生提问，实现有效互动

提问不仅是传统的教学手段，也是互动教学的重要方法。但是，与传统提问相比，互动教学的提问有其本身的特点，互动教学提问是教师在课堂上鼓励学生质疑老师、提问同学，从而形成互动机制，使学生更加深入地理解与思考信息技术课程内容。此外，教师通过对提问的学生进行奖励，激发学生提问的积极性。对学生提出的有助于教学的问题，教师再组织学生讨论，鼓励学生畅所欲言，深化师生之间、生生之间的互动；对于互动中的难题，教师要引领学生，让他们知道到何处去寻找正确答案，而不要告诉学生现成的答案，让学生通过自己寻找答案，提升信息技术水平。

（三）拓展教学技术，实现有效互动

教师要在互动教学中有意识地实现新技术的渗透，并进行简单讲解，激发学生兴趣。比如学习"网页制作"时，会涉及工具选择，一般都是直接在记事本中编辑 html 或 JSP 代码，然后以 index.htm 或 index.html 为文件名，放置特定目录下，最后在相应浏览器中打开，观看最终效果。对于此部分教学，教师可以简单讲解 Adobe Dream weaver 代码运行的操作过程，让学生提前感受 IT 行业的氛围，拓展学习领域。

总之，与传统的课堂教学模式相比，互动教学模式能够将传统的知识传授转变成多样化的教学互动，促进师生的互动交流，从而提高学习效率。

第二节　高中信息技术课程教学技巧

信息技术对社会发展与进步具有重要意义，信息技术学科在高中阶段的地位也越来越高，但目前在很多高中学校，信息技术教师每人担任多个班级的教学任务，每个班级的课时少，教师讲述的内容大多一致。教师单纯依照课本内容进行教学的现象较为普遍，不少教师只注重向学生灌输理论知识，忽视实践课程教学。高中生面对升学压力，大多不重视信息技术课程的学习，信息技术课堂参与度较低。怎样提高课堂效率、优化教学效果是高中信息技术教师应重点关注的问题。

一、高中信息技术课程教学技巧

（一）教学方法多元化

高中信息技术教师应采用多元化教学方法，丰富教学形式，如使用案例教学法、教具教学法等。

（1）案例教学法，采用具体情景描述的方式营造学习情境，引导学生在特定的学习情境中主动进行学习交流与探讨。案例教学法的目的在于提升信息技术教学的趣味性。由于信息技术课程的技术性较强，单纯的理论知识讲解会让学生觉得枯燥乏味，教师讲解到深奥、抽象的概念时，学生会不自觉地产生抗拒心理。案例教学法营造了具体的信息技术应用情境，让学生觉得学习知识是为了解决实际问题，极大地调动了学生自主学习的积极性。

（2）教具教学法。信息技术对信息时代的学生来说具有较大的吸引力。教师在课堂中可以真实的计算机硬件作为教具进行知识讲解。如"计算机系统"的教学，首先让学生有序观察计算机负责计算数据、处理信息的内部构件；其次，教师人为设置计算机故障，由学生当场解决问题，考查学生对信息技术的掌握能力和面对故障的反应能力。此外，教师还可尝试分组协作等教学方法。

（二）采用分组学习的教学模式

信息技术学科很适合采用分组学习的教学模式。分组学习一方面增加了学生交流沟通的机会，实现知识共享；另一方面有助于学生提高自主学习、团队协作能力。小组人数一般以6人为宜，可避免人数过多或过少导致的管理困难、学习效果不明显等问题。在学生自行选择的基础上，教师根据教学目标适当进行人员调动分配。分组要注意让不同层次水平的学生平均分布在各个小组中，实现"好中差"合理搭配，避免各组实力不均的现象，科学的分组是保障小组协作学习效果的重要条件。教师拥有调整学生小组成的权利，尽量形成科学的小组结构，实现合理搭配。

小组推选一位小组长负责协调组员之间的分工与合作、接收教师下达的学习任务、收集作业等，小组长是学生与教师之间连接的纽带。分组学习是要实现学生自主学习的目标，这一点与新课程教学理念一致。分组教学课堂上，教师作为引导者，应加大学生自主学习的比重，归还学生作为课堂主人的主导地位。除了教材上的知识内容以外，教师还应提供充足的自主学习资源，并且要考虑小组中不同水平学生的学习需要。

二、高中信息技术课程教学的要点

（一）融入生活素材

现实生活中的信息技术应用无处不在，信息技术来源于生活的方方面面，与社会生活密切相关。生活为信息技术学科提供了丰富的教学案例资源，因此，在高中信息技术课堂教学中融入生活素材，教师以联系生活的方式进行教学是大势所趋。将生活融入课堂教学，要求将实际生活材料作为教学素材设计教学活动，让学生在生活情境中展开信息技术学习，降低了学生建构知识体系和培养信息技术能力的难度，使学生保持浓厚的兴趣，增强了课堂教学活力。表格信息编辑、图像图形处理、音视频加工、网页制作都属于日常生活会接触的内容，其素材也可以从生活中获取。例如，组织学生对期中考试成绩进行编辑，使用 Excel 表格，对总成绩、单科成绩进行排名，并引导其绘制条形图、曲线图说明班级各分数段成绩占比情况，在不断提高学生使用 Excel 表格能力的同时，了解班级其他学科成绩分布情况。

（二）培养计算思维

计算思维是指个体运用计算机领域的思想方法，在形成问题解决方案的过程中产生的一系列思维活动。人们的工作与生活在信息技术影响下发生了重大变革，高中信息技术教学要强化对学生计算思维的培养，这既是人才强国战略的必然要求，也是优化学生自身能力的必经之路。高中生学习信息技术的目的是掌握信息技术并灵活运用，将计算思维融入学科基础知识，有助于提升学生掌握操作技巧的能力，有效解决学习中的问题，强化学生的信息技术能力。

信息技术教学质量的改善需依赖灵活的教学方法。围绕计算思维培养这一核心，教师应选取合适的教学方法，有计划性地开展各阶段的教学工作。自主探讨法、游戏实践法、小组教学法等都是较好的教学方法。教师应在常规教学的基础上帮助学生养成较好的学习习惯，培养学生灵活运用信息技术的能力。教师应以引导者的身份做好课前设计、课中引导及课后总结工作，建立融洽的师生关系，实现对学生计算思维的培养。

（三）培养信息素养

除知识和能力培养以外，信息技术教学还应注重学生信息素养的培养。培养高中生的信息素养，教师要严格参照课程标准的要求，实现学生知识水平与综合素质的双重提升。在课堂教学中，教师要提供足够的交流机会，鼓励学生发表不同的看法与见解。教师还要引导学生理论联系实际，通过实际体会加深对知识的理解，潜移默化地培养学生的信息素养。

（四）强化信息意识

信息意识的培养要从学生阶段抓起，幼儿园的孩子已经开始感知信息时代，这为信息意识的形成提供了基础条件。高中阶段学生的信息意识培养尤为重要，信息意识是学生步入大学校园必备的基本素养之一。高中生在义务教育阶段掌握了一定的信息技术，一部分学生对信息存在一定的敏感度，但是没有真正意义上明确信息的基本概念，缺乏对其价值进行判断的能力。高中阶段的信息技术教学要求学生具备以下能力：主动比较不同的信息源，确定高效科学的信息获取策略的能力；能选择合理的信息工具，具备信息安全防范意识；利用信息技术与对象进行有效交流的能力；能够判断信息以及信息获取方式的好坏；自觉地关注信息技术发展的动态与趋势，关注信息领域的大事件，实时更新信息技术知识储备；勇于突破自我，积极使用新的信息技术。因此，对高中生信息意识的培养要突出自觉、合理，让学生以恰当的信息获取方式、积极的学习心态，在提升信息意识的同时发展信息素养。

信息技术是充满探究性、科技味的学科，教师应该打造一个充满活力的课堂空间，在信息技术教学中融入生活素材，让信息技术教学走进生活，同时融入计算思维的培养，与学科基础知识教学相结合，强化学生运用信息技术的能力，此外还需增强学生的信息意识，引导学生为大学学习积累基本技能。

总而言之，信息技术教育是素质教育的重要组成部分，在新课程改革背景下，高中信息技术教师要明确教学目标，采用科学高效的教学方法展开教学，在教学实践过程中不断调整教学方法，既要传授学生基础理论知识，又要培养学生的信息意识和技能，将学科素养培育落实到教学细节之中。

第三节　应用云服务的高中信息技术课程教学

一、云计算与云服务

随着信息技术的发展，在信息技术领域的产业革命也在不断地推进，近年来，云计算逐渐进入了人们的视野，成为人们所关注的计算机信息技术之一。云计算又是指什么呢？它是一种计算的模式，通过应用这种模式，能够有效地将数据应用以及 IT 资源，以服务的形式通过互联网提供给用户，云计算的目的是要能够为公众提供公共的服务，通过计算资源使用户能够根据所需获得相应的资源服务。虽然现在许多人对云计算这一概念还不是十分清楚，但是它已经逐渐走入了人们的日常生活。例如在互联网上搜索一个关键词，这个搜索的过程并不是仅仅需要一个服务器去完成的，可能需要成千上万个服务器，利用不同的方法同时检索多个数据库，才能够得到最终的搜索结果，而用户则不必关心搜索的具体过程，要的只是最终的搜索结果，这样的服务器集群指的就是"云"。云计算与传统的计算机计算具有许多的优点，它对用户的计算机性能要求不高，运算的过程是在云端，因此，计算机只需要加载一些基本的程序，就能够完成计算的过程，这样就能够大大地提高计算的效率，减少客户的维护成本，同时用户也不需要关心软件的升级问题，应用程序的升级是在云服务器中进行的，同时云服务也可以提供无限的存储空间，用户也不需要担心数据的丢失问题。

二、云计算与教育信息化

教育信息化指的是在当前的教育领域，全方面地应用信息技术来促进教学的改革，是当前信息技术在教育中的重要应用，教育信息化的基本特点包括教学的多媒体化、数字化、网络化，以及智能化。云计算作为一种新型的信息技术，能够有效地推动教学信息化，就需要教育工作者不断地进行探索，进行相关的实践，从而有效地把云计算应用到教育中。当前把云计算应用到信息化教学中已经成为许多学者的浓厚兴趣，黎加厚教授就曾经发表了《走向教育技术"云"服务》，祝智庭教授也曾经做过《云计算与教育信息化热问题与冷思考》的报告，可见当前这已经成为一个热点问题。

三、当前的高中信息技术教学发展现状

随着信息技术的突飞猛进，它在逐渐改变人们的日常生活方式的同时，也在促进社会的不断进步和飞速发展，因此为了有效地提高人民的信息素养，当前的信息技术教育就受到了教育工作者的重视，我国早在 2000 年就提出了信息技术这一课程名称，并把它纳入了基础教育中，在中小学中开设了相关的课程。信息技术的根本教育目标是培养学生的信息素养，使他们能够灵活地掌握应用信息技术的基本方法，提高他们的信息应用水平，然而当前有一些教师教学只是片面地强调了理论的学习，强调了课程的操作，并不重视学生的信息素养培养，这样既不利于学生的全方面发展，同时也不利于课程的改革，在当前的信息技术教学中，教材也逐渐呈现多元化发展的趋势，学校也可以从多种教材中有针对性地选取相应的素材，与传统的信息技术教材相比，新教材更加重视课程本身，而不再是过去的信息技术教材中那样是"说明书式"的教科书。

四、云服务对信息技术课程的影响

信息技术课程是随着信息技术的发展在不断变革的课程，因此作为当前信息技术前沿的云计算就能够为当前的信息技术课程带来很大的改变。首先，云服务能够有效地降低当前学校信息系统建设的投入，能够使当前的信息技术运营成本得到降低，这样就能够有效地保障信息技术的开展。对于一些贫困的地区，由于教育资金投入的不足，因此就会对信息技术课程的正常开展造成影响，使得学生受教育的权利受到侵害，因此，云计算技术能够有效地降低成本，对计算机的配置要求不高。对于一些山区的学校来说，也会给他们的信息技术课程带来许多的便利，学校不需要购买服务器，通过云服务提供数据存储以及相关的信息发布功能，有效地减少信息系统的维护成本。在当前的信息技术教学中，教师往往身兼数职，他们既是网络的管理员，同时也是教学设备的维护员，还兼任着摄像摄影的相关工作，同时还是学校的打字员，最后才是信息技术教师，可以说与计算机相关的工作都是信息技术教师的分内职责，这样就使得教师的大量精力投入了其他领域，又怎么可以安心地投入教学研究中呢？而云计算能够有效地减轻信息技术教师的许多兼职工作，使得教师能够集中精力把大部分时间用来投入教学研究中，提高教师的教学水平。其次，云服务能够为信息技术课程提供良好的教学平台，提高教学的有效性，这样就能够使教师不用花费大量的时间进行教学平台的搭建，从而能够在现有的平台上，专心做好教学设计，组织学生学习，使学生能够利用网络平台打开相关的学习站点学习，当他们遇到问题时也可以通过互联网云服务和教师进行及时的交流和沟通。

五、高中信息课程教学与云服务的融合

站在云服务的角度去解读当前的高中信息技术教学课程标准。我国早在 2003 年就颁布了关于普通高中信息技术的课程标准，并且开始逐渐推进新课程改革，而云计算作为近几年来新兴的一种信息技术，能否有效地和当前的高中信息技术教学课程进行融合，从而提高教学的有效性就需要对高中信息技术教学课程标准进行进一步的研读。解读课程的基本理念。高中信息课程标准中明确地提出了课堂的几点教学基本理念，包括：提高信息素养；营造良好的信息环境；建设特色信息技术课程；提高学生解决问题的能力；重视交流与合作。这几条理念充分概括了当前高中信息技术课的基本教学方向。在当前高中信息技术教学中，就需要以培养学生的信息素养作为根本，而信息技术素养指的是学生能够对当前信息技术发展的一种适应能力，随着信息技术的发展，社会不断地进步，对信息技术素养的要求也在不断地提高，在当前的社会，需要学生与时俱进，能够站在信息技术的前沿，

而云服务当前已经逐渐地渗透到了当前的信息技术应用领域，因此在学习过程中，应用云服务能够有效地培养学生的信息素养。新课程标准是针对全体学生而制定的，因此具有普遍适用性，但是由于不同区域的学生之间是存在差异的，不同学生之间也是存在的差异的，因此课程标准鼓励各个地区要能够根据本地的特色建设信息技术课程，提倡教学内容的合理拓展。而利用云计算，能够有效地降低课程的开发成本，打破当前地区发展不平衡给信息技术课程开展带来的影响，从而有效地建设当前的信息技术教学平台。从上面几点可以看出，云服务走进高中信息技术教学是符合新课程标准的。

不同版本的教材内容与云服务。教材是课程标准的具体体现，是学生在学习中的重要依据，也是教师在教学过程中的重要参考，随着信息技术的发展，2004 年以来各种版本的教材逐渐地出版，主要有教科版、上海科教版、地图版、浙教版等等，不同版本的教材具有不同的安排和内容选择，但是所有的教材均是以新课程标准作为基础进行编写的。因此能够体现出当前高中新课程标准的基本要求。如何利用好教材，这就是教师在教学过程中需要考虑到的问题，当前出现两个极端就是教材边缘化，或者过度依赖教材，这样的情况都是不对的，违背了新课程教学的理念，是对学生的不负责任。根据教学的具体情况，对教材进行再次的开发，调整教学活动是当前教学的重要方式之一。

典型的云服务与常见的信息技术处理工作。Microsoft Office 软件在当前已经占据了大部分市场，然而在高中信息技术教学中，它也成了众多工具中的首选，在讲授文字处理时，常常会用到 Word，电子表格会用 Excel，演示文稿则会用到 PPT。谷歌文档作为语音服务的一种典范，在当前也具备了基本的办公服务软件功能，同时又具有云服务的许多特点，例如不受时间空间的限制。微软的软件需要在计算机中安装软件程序，而谷歌文档则不需要在电脑上安装任何软件；微软的软件对计算机的配置要求比较高，而谷歌文档则对计算机的配置要求比较低；微软的软件工作不需要互联网，而谷歌文档则需要联网才能够工作，在一些情况下，安装插件也可以实现脱机工作；微软的软件功能比较完善，而谷歌文档的功能相对来说比较简单。由此可见微软的软件与谷歌文档各有各的特点，都有各自的优点与不足，因此使用者可以根据自己的实际需要选择在高中信息技术教学中云服务作为一种新型的教学模式，教师就需要在课堂中对学生进行适当的介绍，使他们能够了解相关的内容，更好地适应社会发展。

总而言之，在当前的高中信息技术教学中，应用云服务能够有效地培养学生的信息素养，使学生能够更好地学习，为提高学生的信息素质打下良好的基础。

第四节　高中信息技术课程教学资源设计

一、课程资源的概念与分类

课程资源是指课程要素的来源，是实施课程的必要条件。课程资源根据划分的标准不同可以分成很多类型。课程资源按照来源不同可以划分为校内课程资源和校外课程资源；根据课程资源的功能特点，又可以划分为素材性课程资源和条件性课程资源；也可以根据其他角度划分成社会资源与自然资源、文本资源与信息化资源等。

二、高中信息技术课程教学资源设计与应用的原则

课程资源是课程教学的基本前提。为了不断推进新课程教育改革，有效提高高中信息技术课程教学效率，学校要不断加强课程资源的建立、优化各种教学资源的组合、重视高中信息技术课程教学资源的设计与应用。高中信息技术课程教学资源的设计与应用要坚持以下原则：

高中信息技术课程教学资源的设计与应用要坚持以学生为中心。学生是学习的主体，课程的教学目标也是为学生制定的。因此，我们在进行教学资源的设计与应用时，要坚持以学生为中心，根据学生自身情况来进行教学资源的设计与应用，保证教学资源对学生的知识能力提升和未来综合发展是有积极意义的。

高中信息技术课程教学资源的设计与应用要坚持科学合理。科学合理的教学资源是提高课堂教学效率的前提，教学资源的设计与应用要在教材的基础上进行丰富和优化，要充分考虑学生学习掌握的能力，科学合理，适合学生学习和掌握，不能脱离教材本身和生活实际，也不能超出学生可以掌握的范畴。

高中信息技术课程教学资源的设计与应用要重视信息化资源的利用。信息化资源具有其他课程资源不具备的优势，高中信息技术课程本来就是一门信息化课程，在高中信息技术课程教学资源设计与应用时，合理利用信息化教学资源，可以扩大信息化资源的优势，还能激发学生学习的热情和兴趣，有效提高课堂教学效率。

三、高中信息技术课程教学资源的设计与应用

（一）文本资源的设计与应用

1. 文本资源的概念与特点

所谓文本资源，即从资源的形式来看，一切文字资料都是文本资源，包括我们所使用的教材、课程标准以及文字类参考资料等。文本资源具有内容丰富、使用便捷、实用性强等优点。

2. 文本资源的设计与应用

在教育不断信息化、现代化的今天，文本资源的地位逐渐被一些教育工作者弱化，然而文本资源有着许多其他课程资源不具备的优势，依然是课程资源的一种重要形式。因此我们要重视高中信息技术课程文本资源的设计与应用。做好文本资源的设计与应用，首先要将高中信息技术课程的内容按照侧重点不同分为基本知识、基本技能和综合性应用三个部分，这样既可以系统地为学生讲解高中信息技术理论知识，又能将所有教学内容有机结合，让学生对高中信息技术课程有一个整体系统的认识。其次，要充分挖掘文本资源中所蕴含的思维方式、学习体验等内容，鼓励学生从文本资源中发现生活实际应用的痕迹，将文本资源中的理论知识与生活实际应用相结合，从而巩固文本资源中的理论知识，升华理论知识。

3. 活动资源的设计与利用

活动资源是其他课程资源的有效补充。良好的活动资源可以丰富教师的教学手段、激发学生学习的热情、有效补充其他课程资源的不足。高中信息技术课程的活动资源设计可以从两个方面来进行：一方面，是结合教材将生活中学生经常遇到的问题与学生关注的热点问题穿插在教学过程中，丰富教学内容，激发学生学习的热情，提高学生解决实际问题的能力。另一方面，教师要丰富教学手段，在教学过程中，利用组织小组讨论、学生动手实践等教学方式来发现学生对所教授知识的掌握程度以及学生学习、实践中遇到的问题，再加以有针对性地解决，可以有效提高课堂教学效率。

（二）微课资源的设计与应用

1. 微课资源的概念与特点

现阶段，微课还没有一个统一的标准定义。但是根据各位中外学者对微课的定义，我们可以将微课的概念归纳总结为围绕教学内容进行系统的教学设计后，形成的具有针对性的且适合学生在短时间内学习的课程资源，包括声音、动画、视频、图像等。微课资源的主要特点：教学时间短，一般控制在十分钟以内；教学内容少，重点突出，只针

对某个知识点或教学环节来进行讲解；注重情景化教学环境的建构。

2. 微课资源的设计

高中信息技术课程是一门实践性非常强的课程，教学内容复杂，知识点多且比较抽象，学生利用传统的学习方式会遇到很大的困难，无法对高中信息技术课程有更加深刻的认识和了解，不利于学习效率的提升。高中信息技术课程教师利用微课进行教学，可以将知识点渗透至微课中，有助于学生进行更深层次的学习，进一步扩展学生的思维，教师与学生之间还可以通过微课增强互动，改善教师与学生之间的关系。微课作为一种新兴的教学技术，是高中信息技术课程资源设计的一个研究方向。

高中信息技术课程微课资源的设计，主要包括微课资源的选题、微课资源的前期准备及微课资源的中期制作三个环节。微课选题是微课资源设计的首要环节，合理的选题可以达到事半功倍的效果。微课选题主要针对两个方面：一是教材的解读，二是学生学习的情况。微课资源设计的前期准备主要包括四个方面：资源规划和准备、活动设计、素材加工和素材完善。微课资源设计的中期制作是微课设计的核心阶段。首先要根据微课选题结合微课前期的准备工作设计微课教学方案；其次根据教学方案，利用前期准备的素材制作微视频；最后再进行相关配套资源的制作，包括微课件、微图像等。在微课资源设计时，要充分利用微课资源的特点，才能充分发挥出微课在高中信息技术课程中的重要作用。

3. 微课资源的应用

微课的使用方式比较灵活，教师可以借助学校的信息技术教学平台，将所制作的微课悬挂于上，作为课前预习、课中疑难解惑、课后拓展延伸等来使用，也可以作为学生课后复习的资料，可供学生灵活观看、反复观看，避免了教师重复授课的烦恼。

第五节　核心素养与高中信息技术课程教学

随着科学技术和经济的飞速发展，人们的生活发生了巨大的变化。信息技术正逐步融入人们的日常工作和生活。信息技术学科素养和能力已成为 21 世纪信息时代公民素养的重要组成部分。传统的信息技术教育只是培养学生的计算机应用技术，存在诸多局限性，不能满足学生日益增长的学习需求。在高中信息技术教学中，教师应转变教育观念，创新教学策略，立足课程设计，培养高素质的前沿人才。对于信息技术课程的核心素养，由于教师在能力和知识理解上的差异，在认知上存在一定的差异。一些教师认为，学生掌握了更多与信息技术相关的基本知识和技能，综合能力较强，学科核心素养提高较快。这种理解有一定的局限性。事实上，在信息技术教学中，教师应注重培养学生的核心素养，引导学生通过学习形成正确的价值观和世界观。信息技术课程的核心素质主要包括学生的思维、能力意识、社会责任感等。

一、核心素养背景下高中信息技术学科的教学现状

首先，学生不太重视它。在高中，高考的压力越来越大。进入高中后，许多学生开始把高考作为他们的学习目标。信息技术不是一门高考课程，这将导致学生不愿意在学习信息技术的过程中投入太多的时间和精力。在课堂教学过程中，学生也有完成任务的心理，从而影响课堂教学质量。其次，学生的主动学习能力较差。在国家新课程改革的教学背景下，要求学生运用自己的学习方法掌握相关知识点，减少对教师的依赖。然而，在学习信息技术的过程中，教师在课堂上进行实践训练之前，往往先讲解相关的信息技术知识点和操作技能，学生的自主学习意识较差。此外，在信息技术教学过程中，教师习惯于采用应试教育的教学方法。讲课时，他们把课堂时间安排得满满的，很少给学生留出自由学习的时间。这样的课堂也会降低学生的自主学习意识，不利于培养他们的核心素养。

二、信息技术课程设计的基本理念

从学科知识到学科思维的转变，是教师在提高信息技术教学水平方面取得的重大突破，也是信息技术课程设计的基本理念。教师应正确、全面地理解和分析信息技术课程，通过对国内外信息技术课程内容和教学模式的比较，找出信息技术课程的规律。20 世纪 70 年代末，个人电脑的兴起和普及引起了教育领域的广泛关注。个人电脑在一定程度上改变了人们生产和生活的基本方式。为了抓住信息社会发展的机遇，各国计算机教育的主要内容是程序设计。部分学者提出，计算机的程序设计本质上与人们编排设计自己的工作流程是相似的，因此提出"程序设计文化"这一概念。程序设计文化这一概念指出信息时代的人们除了具备基础的读、写以及运算能力之外，还需要具备一定的程序设计能力。这一时期的计算机教学都是基于信息技术这门课程的基本学科内容展开的。

随着计算机硬件设施和软件环境的不断发展，数据库的建立和管理、电子表格处理部分数据的应用、文字工作的处理、信息的收集、远程通信等在计算机中得到了广泛的应用，这导致越来越多的人从事与计算机相关的工作。在此期间，教育模式开始从基础知识的教学转向计算机应用专业的教学。例如，专注于打字培训和软件使用教学的私人培训机构开始在中国出现。学生学习从基础学科知识向有效使用工具的转变是信息技术

教育发展的延伸。然而，从教育发展的角度来看，这一阶段仍处于信息技术教学发展的基础阶段，未能真正挖掘信息技术的学科优势。

近年来，信息技术的创新推动了信息全球化的发展。在计算机硬件设施完善、软件环境"百花齐放"的背景下，信息技术教学充满了新的生机和活力。公众摆脱了传统信息技术的单向、线性连接控制，逐步形成了多元化、开放、互联的网络结构。原始信息的受众抓住机会成为信息的发布者，实现了信息技术应用和发展的飞跃，从根本上影响着信息技术的教学模式和教育理念。信息技术这门课程发展经历了从以学科知识为核心到以学科工具为核心最终到学科思维为核心的多重转变，这三种方向并非对立的，而是随着经济社会的发展人们对信息技术这门科学认知深浅变化产生的。

三、信息技术课程设计思维的三种表现形式

计算思维、设计思维以及批判思维是信息技术课程设计思维的三种基本表现形式。这三种思维对应着信息技术领域教育的三大成果即语言信息获取、智力技能掌握以及认知水平提升。信息技术领域的教育不仅体现在基础的学科知识与学科工具应用层面，还体现在认知水平提升以及发散思维等多个层面。因此，教师在指导学生学习掌握信息技术时不仅要帮助学生实现外层知识技能的掌握，还要帮助学生形成利用信息技术处理问题的思维模式。

算法是计算机用来产生精确结果的一种方法，在信息技术充分发展之前，算法往往是指解决问题的一系列指令，这些指令大多用于数学领域。随着计算机的普及，算法逐渐成为计算机问题求解过程的同义词。人们经常使用计算机来处理工作和生活中的问题，这使得算法思想成为信息时代公民重要的思维方式之一。信息技术课程中的算法是指学生计算思维的表现形式。一些学生习惯于使用穷举法，即在解决问题之前列出所有可能的方法和策略。有些学生习惯于使用递归方法，即根据问题情境中的逻辑顺序进行推理。不同的算法代表了学生计算思维的差异，教师应该在学生差异之间找到"共同点"。基于学生的共同点，进行课程设计，确保每个学生的计算思维得到应有的发展。

设计是人为的计划活动。算法在一定程度上帮助学生解决学习和生活中的问题，设计在一定程度上帮助学生实现技术创新。算法是支持学生解决实际问题的关键，设计是实现学生飞行梦想的关键。学生只有具备设计思维，才能对学习和生活中的某一活动进行创造性转化。如果说计算是学生学习和生活的基础，那么设计就是学生学习和生活的再创造。从具体表现形式的分析来看，设计思维要求学生以视觉和结构的方式表达自己的模糊属性，这是学生与学生的本质区别。

在信息技术层面，教师要求学生完成一项工作，必须能够实现一定的功能。计算思维帮助学生构建作品的基本框架，设计思维帮助学生填补框架中的空白。学生可以匹配不同的元素来展示他们的作品，但核心算法的功能是相同的。信息技术课程需要批判性思维。不仅信息技术课程需要批判性思维，在成长过程中，学生也需要经常接受批评和批评，通过批评实现自己的真正成长。在现阶段，信息技术的发展方向是明确的，学生不必因为未来而感到困惑，但这并不意味着学生可以顺利学习信息技术课程。学生不仅要掌握信息技术课程的基本内容，还要能够运用信息技术的专用工具，通过信息技术实现个人思想的成长。学会用信息技术的学科思维看待和分析问题，通过批判性思维获得成长。

四、基于信息技术学科核心素养课程设计的具体策略

基于信息技术学科核心素养和学科思维的课程设计是知识技能与应用场景的结合。在课程设计过程中，教师不仅要关注学生感兴趣的内容，还要引导学生理解这些内容，并根据这些内容进行专业交流。在课程设计过程中，教师应善于利用信息技术的实时搜索功能来改进自己的课程设计。每个教师的课堂信息技术教学情况并不完全相同，因此每个教师的课程设计应根据实际情况进行调整。一些学校采用教学小组的课程设计模式，将完整的课程设计划分为若干部分，每个教师负责设计其中的一部分。在设计过程中，尽可能以整个年级的学生为蓝本，参考辅助设计。教师在获得课程设计任务后，通过网络搜索引擎收集相关信息，根据以往的教学经验，参考其他教师的优秀课程设计，完成课程设计的基本框架。

课程设计完成后，提交教学部，由教学部评审组决定是否投入使用。评审组成员应在通过评审和表决确定课程设计有效后进行排版和打印。如果有人提出异议，并根据实际内容提出整改建议，应将课程设计交回负责该部分的教师，并要求其在规定时间内完成整改任务。虽然这一过程趋于完善，并考虑到学生信息技术学科素养等实际教学问题存在一定差异，但仍存在一些问题，阻碍了信息技术课程设计的发展与进步。传统的教学模式已不能满足学生日益增长的学习需求。教师应始终考虑学生的发展需要和学习需求。传统的课程设计模式在一定程度上节约了教师的时间和精力，减轻了教师的工作量。

然而，根据实际情况的分析，每个教师在课程设计过程中的蓝图仍然偏向于他所教的班级，而不是整个年级。因此，教师在参与课程设计时需要从整体出发。在构建整体课程设计框架之前，他们需要咨询优秀教师的课程设计。善于运用信息技术的搜索功能，不仅是学生需要掌握的基本技能，也是教师在实际教学过程中需要掌握和运用的，"纸

上谈兵"不是合格教师的表现。

基于信息技术学科核心素养的课程设计要确立科学、技术与社会的三元基本框架。部分教师在进行课程设计过程中往往以简单基础的学科内容作为基础，将课程要求学生掌握的技能作为框架开展教学。的确，信息技术教学存在很强的目的性，但是目的并非单一地掌握学科知识和学科技能，而是通过学习了解学科知识技能完成与社会的连接。教师在课程设计过程中要设计到学科知识和学科技能，但是更要强烈突出科学、技术与社会三者之间的密切联系。信息技术并非独立于社会而存在的，正是因为人类社会不断地发展进步推动了信息技术的发展与创新。传统课程设计过程中教师强调学生掌握信息技术的基本技能，例如要求学生学会收发电子邮件，要求学生通过网络搜索精确找到自己需要的信息内容。

随着经济的发展，人们生活方式发生了较大的变化。支付宝、外卖、直播等软件的出现在一定程度上丰富了人们的精神生活并减轻了人们的压力负担。这些互联网新型产业的崛起是以信息技术手段实现运用的，但产品核心竞争力在于创意。而这些产品创意的产生正是因为信息技术与社会、科学之间碰撞产生的。上文中，笔者揭示了信息技术教学经历了以学科内容为核心到以学科工具为核心到以学科思维为核心的三个阶段。现阶段的信息技术教学本质上就是引导学生以信息技术学科思维看待世界的过程。

随着经济的发展，几乎每个人都有一部智能手机。高中信息技术课程设计不能再延续以往的"傻瓜化"和"日常化"。教师应站在学科核心素养的角度，通过恰当的课程设计和教学策略，实现学生信息技术学科思维的发展。因此，教师在课程设计过程中应适当增加教学环节的难度和广度，使学生感受到信息技术在生活各个方面的应用，并结合实际生活引导学生产生新的思想和创造力。

例如，在师生之间的互动中，老师指出智力在日常生活中并没有实现，要求学生发展合理的联想和想象力，描述信息技术改变这一现象的具体过程。根据现有的信息技术手段和学科思维，学生进行合理的想象、发散思维，保证严谨可靠的思维方式。

第六节　创客理念与高中信息技术课程教学

与传统教育理念相比，创客理念的特点是以学生的全面发展为目标，注重学科之间的融合，有较强的灵活性与创新性。为顺应新课改趋势，教师运用创客理念开展高中信息技术课程教学，提高学生的积极性和参与度，鼓励其大胆尝试、勇于创新，将心中的创意变为真实的成果，提升学生的信息技术水平。本节从分析创客教育理念入手，分析创客教学的主要特点，并探讨基于创客理念开展高中信息技术课程教学的有效策略，以期为高中信息技术教学提供借鉴和指导。

一、创客教育理念的概述

随着创客理念的逐步推广，人们对这一概念不再陌生，但是许多人并不了解其具体的含义，其实创客译自英文单词"maker"，指将有趣、新奇的创意转变为现实的人。在中国，创客和"大众创业，万众创新"联系在了一起，特指具有创新理念、自主创业的人。如今社会经济发展迅速，越来越多的人产生了自主创新意识，很多平凡岗位上的人也在工作实践中研究出了各种发明创造，方便了生产与生活。如今国际上掀起了一股"创客运动"潮流，很多热门领域，如物理学、计算机等都受到了创客理念的影响，教育领域也同样如此，创客理念的融入推动了新课改的顺利进行，让教育事业焕发出新的生机与活力。

二、创客理念的特点

（一）以学生的全面发展为目标

创客理念的一个显著特点就是以学生的全面发展为目标。创客理念主张整合不同学科的知识内容，培养学生的想象力、思维能力和创造能力，增强学生的团结协作意识，锻炼其人际交流能力与合作能力，有助于引导学生形成正确的世界观、人生观和价值观，促进其身心健康成长。在不同时期，学生所展示出的特点有所差异，教师要培养其适应各种环境的能力，保障其能够茁壮成长。

（二）注重学科知识之间的融合

基于创客理念开展高中信息技术课程教学时，教师不能只关注所教授的内容，必须重视与其他学科的有机融合，建立相对完善的知识体系，以便培养学生的综合能力，尤其是提升其跨学科能力。教师要不断尝试、探索和总结经验，充分调动学生的学习积极性，激活其思维能力、好奇心与求知欲，通过给予适当指导，引导学生巩固之前学过的知识，找到自己擅长的优势，确定创客教育课题，从而完成教学任务。

（三）有较强的灵活性与创新性

与传统教育模式相比，创客理念具有其独特之处。在传统教育过程中，教师大多采用填鸭式教学方法向学生灌输知识，课堂气氛沉闷、死板。创客理念具有较强的灵活性与创新性，能让高中信息技术课堂充满活力。在具体的教学实践中，教师基于创客理念，坚持以学生为主体，采用多元化的教学方法和教育手段，根据教学内容和学生实际情况制定教学目标。

三、创客理念在高中信息技术课中的应用

（一）深入研读教材，进行适当补充与拓展

基于创客理念开展高中信息技术课程教学，教师必须紧跟时代潮流，融入创新元素，认真研读教材，探究其中涉及的理论要点，寻找与创客思维的融合点，并且通过互联网搜索相关的图片、视频等资料，适当加工处理和拓展，补充教学资源。教师在备课环节要深入梳理教材，融入 3D 打印机、智能机器人等先进的信息技术，并联系物理、数学等学科，整合学科知识，增强教学的趣味性，吸引学生的注意力，激发其学习兴趣与好奇心，在此基础上发挥创造能力。除此之外，教师还要将教学与实际生活相结合，让学生在熟悉的氛围中学习和创新，提高其在教学过程中的参与度，增加课堂上的有效互动，构建优质高效的信息技术课堂。

比如，讲解"制作网站"部分的知识时，学生通常只知道百度、搜狗等常用的大型搜索引擎，一些学生认为访问网站就是从搜索引擎中寻找有用的信息，没有什么技术含量，也没有任何难度，所以学习兴趣不足，听课也不认真。为避免这种情况，教师在课前要认真备课、精心制作课件，在课堂上呈现网站的各种用途，除了搜索功能外，还能听歌、看视频、在线阅读和学习等。接着，启发学生说一说自己想制作什么样的网页、具备什么功能等，然后再引入本节课的内容，在活跃的氛围中点燃学生的学习热情。

（二）创设教学情境，启迪学生的创新思维

情境教学法是十分常用且有效的教学方法，能调动学生的学习积极性，吸引其自主融入课堂之中。教师要先加工处理教学内容，用项目来呈现真实的教学情境，并且在其中融入生活元素，让学生产生亲切感，自然而然地参与其中。教师要用项目情境激发学生的学习兴趣，鼓励其发挥自身的想象力和创造力。目前情境教学中最为常用的一个模式就是案例剖析，教师可以向学生演示案例，使其全面、深入地了解作品的制作过程，为自主探究和自我创造做好准备。

比如，讲解"Scratch 编程软件"的相关内容时，教师首先展示小游戏"打地鼠"，并且提出以下几个问题："该游戏中出现了几种角色？各种道具的功能要如何实现？怎样计算分值？分值达到什么标准能进入下一关？每一局有时间限制吗？什么情况下会导致游戏结束？"并且播放录制好的微课，展示游戏的制作过程，让学生通过认真观察，对照自己所想的答案，以此来锻炼其分析问题与解决问题的能力。

（三）合理划分小组，建立组内学习共同体

相比小学和初中阶段，高中信息技术课程教学的内容有一定的难度，有时教师布置的学习任务难以在短时间内完成。这种情况下，教师可以组织学生围绕项目进行小组合作学习。首先，教师要合理划分小组，每组 4～5 人即可，以免人数过多不便于管理。各组的实力相当，优等生、中等生和后进生均衡分布，有助于小组之间的公平较量。其次，教师要明确教学主题、确定学习任务，让各组学生交流讨论、自由发表见解、分享学习经验。建立学习共同体，教师要选择具备一定管理能力的人担任组长，由其为各位成员分配任务，协调成员关系，大家共同努力，每个人都参与其中，一起完成任务。最后是成果汇报环节，教师要以小组为单位给出评价，增强其团队意识与集体荣誉感。

比如，讲解"音频制作"内容时，教师用大屏幕呈现了几个内容，包括舞蹈、诗歌朗诵、音乐剧等，学生可以通过网络搜索下载音频资源，并进行剪辑和应用，但是不能完全照搬照抄，必须融入自己的创意和构思。各组成员先进行讨论并由组长为大家分配任务，信息技术能力较强的成员负责视频处理和编辑等技术性工作，其他成员负责搜索等相对简单的工作。将音频完整融合后就是一个新的作品，在成果展示环节大家享受了一场视听盛宴，学生的创意也得到了充分展示。

（四）举办创客比赛，锻炼学生的各项能力

基于创客理念开展高中信息技术课程教学的一个有效途径就是举办多种多样的创客比赛，让学生积极参与其中，锻炼各项能力。教师可以争取学校领导的支持，在信息技术课程中融入信息研究的内容，优化校本教材，满足学生的发展需求。为了帮助学生构建和谐、开放的学习与探索环境，增强教学中的有效互动，教师可以根据教学内容举办相应的信息技术创作比赛，鼓励学生勇于展示自己的创新想法。

比如，讲解"Flash 动画制作"的相关内容后，教师要求学生利用自己掌握的 Flash 动画制作技术将自己的创意展示出来。教师先选出其中有创意、完成度高的作品，组织全体学生民主投票，评出最优作品，在校内展示，或者发布到校园网上，调动学生的积极性。对于创造性强，但技术性稍有欠缺的作品，教师也要提出表扬，肯定学生的创意，鼓励其再接再厉。

总之，基于创客理念开展高中信息技术课程教学不仅可以提升学生的操作能力与创造能力，还可以增强其成就感，帮助其建立学习信心，让学生大胆展示自己，提高学习能力。在教学实践中，教师要贯彻创客教育理念，深入研读教材，适当进行补充与拓展；创设教学情境，启迪学生的思维能力；合理划分小组，建立组内学习共同体；举办创客比赛，锻炼学生的综合能力，让学生在享受学习的过程中，体会创造的快乐。

第七节 计算思维与高中信息技术课程教学

信息技术在当前社会中正快速地发展和进步着，要保证我国信息技术实现长远发展，就应该为社会培养更多优秀的人才和技术人员，因此社会必须重视当前高中信息技术课程教学活动，并对其进行合理的优化，从而科学有效地培养学生计算思维，不断提升学生的综合能力以及全方面素质，从而真正有效地为社会培养更多优秀人才。

一、培养学生计算思维的主要特点分析

从其本质角度进行分析，计算思维主要就是人们在相对基础的计算机知识引导下，有意识地提升自己的综合能力以及整体水平等，其中包括提升学生的分析能力、创新能力以及解决问题的能力等。并且在信息技术的帮助下能够有效地改变和完善学生的生活，也能为他们以后的工作与学习提供有利的条件。所以强化学生的计算思维不仅是当前人才培养的重要形式，也是提升学生综合能力以及全方面素质的重要策略，所以应该客观地对其进行有效的分析与研究，从而真正有效地实现高中信息技术课程教学的主要目的。计算思维对提升学生学习能力有着极大的帮助，信息技术课程教学活动的主要目的就是让学生掌握灵活技巧，能够有效地运用相应的技术来完成操作内容，并且培养学生计算思维，能够使学生可以掌握基础知识的情况下，通过合理的引导和帮助来让学生掌握更多的技巧和能力，并提升学生自主学习能力，有效解决在学习当中出现的问题。因此在高中信息技术教学中必须有效地培养学生的计算思维，从而真正有效地提升学生综合能力，为学生未来良好发展和稳定成长提供有利条件。

二、对高中信息技术课程教学优化和培养学生计算思维的有效策略

（一）对教学观念进行优化，提升对高中信息技术教学的重视

意识是会影响人们行为和活动的重要部分，如果在学生的主观意识上不重视一项事物，那么一定会对事物的有效性带来影响。对当前我国高中信息技术课程教学现状进行分析，很多校园对信息技术教学的重视度不同，这样会严重影响整体的教学水平，也会对整体的教学效果带来影响。例如，在某些高中校园中，并没有意识到信息技术课程的重要性，并且学校中的硬件设施也有待提升，虽说有些学校建立了相对完善的信息技术

课程教室，构建了比较好的教学环境，但网络设备建设仍不充分。而且在实际的教学当中，由于学生的实际水平有着较大的差距，很多学生之前并没有接触和学习过电脑知识，属于零基础，所以教师必须从基础内容开始教起，这样会严重影响整体的教学效果。所以在实际的教学当中，应该重视高中信息技术教学活动，并对教学观念进行合理的优化，明确信息技术课程的重要性，并适当地为学生安排合理的教学课程，让学生在提升自身文化知识的同时，不断提升学生的各方面素质，从而更好地实现学生全方面能力的提升，也能为学生计算思维的培养奠定有利的基础，从而为社会培养更多优秀合格的人才，促进未来社会稳定发展。

（二）对教学方法进行合理的优化，有效培养学生的计算思维

良好的教学方法是提升整体教学质量的重要组成部分，所以在高中信息技术课程教学活动当中，教师应该为学生设计科学合理的教学模式，并站在专业角度对教学方法进行优化，结合计算思维的培养来开展教学活动，设计科学合理的教育教学活动，从而吸引学生进入良好的学习状态当中，并不断提升学生的学习能力，提升学生学习信息技术知识的兴趣，并更好地提升学生的技术思维。在实际的教学中教师可以选择情境教学模式、小组合作教学模式、自主探讨教学模式以及游戏实践教学形式等，通过这些形式来确保教学活动的有序开展，并让学生能够更好地掌握和学习到重点内容，并使学生能够更好地理解和掌握所学知识，加深对知识的记忆，从而更好地促进学生综合学习能力的提升，为学生的良好发展和成长奠定坚实基础。例如，在开展高中信息技术课程教学活动当中，教师可以运用小组合作教学模式开展教学活动，首先应结合学生的实际情况以及相应的教学内容来设计教学目标，并根据学生的学习情况对其进行分组，并确保每一小组当中都有一名学习能力较强的学生，让其担任本组的小组长，并由他来带领该小组一同完成合作学习任务，从而更好地帮助该小组学生掌握和理解所学知识，教师形式记忆，从而更好地促进学生整体学习能力的提升，为增强学生信息技术学习能力奠定坚实有利的基础。在实际教学中，教师也应该结合学生的综合学习情况以及兴趣爱好等条件来为学生设计符合其发展的教学策略，并在活动当中应该重视与学生之间的交流与互动，使学生能够积极地参与到知识的学习和探索当中，从而在多个角度培养学生计算思维，这样才能为学生学习到更多的信息技术知识奠定有利基础。

（三）融入生活化教学内容，提升计算思维的培养效率

生活化教学形式，就是将实际教学内容与学生生活相结合，让学生能够更好地理解和掌握所学知识，并能够在实际生活当中有效地运用所学知识，加深学生记忆，从而更好地提升学生的计算思维，增强自身综合素质与能力。在实际的教学当中教师应

该实现教学形式的生活化，让教学方法变得趣味化，从而为学生营造轻松愉快的学习环境，并增强学生学习兴趣和积极性，使学生能够主动地投入信息技术课程的学习当中，真正有效地提升学生整体学习水平，也能更好地提升整体教学效果，并且学生的计算思维也有所强化，这是学生未来成长与发展的重要组成部分，也是为社会培养优秀人才的重要形式。

在高中信息技术课程教学中，应该合理对其进行优化，并重视对学生进行计算思维的培养，从而真正有效地提升学生的学习能力以及综合素质，这样才能为学生未来健康成长和稳定发展提供有利条件。

第六章 高中信息技术课堂教学

第一节 高中信息技术课堂教学要点

　　高中信息技术具有较强的专业性和实践性，若在课堂教学中没有进行系统性的学习，学生难以全面掌握信息技术知识。在新课改背景下，要求高中信息技术教师把培养学生综合素养和能力作为重点内容。因此，在实际教学中，教师应结合学生的实际情况和教学内容，通过科学合理的手段，指引学生对信息技术知识和技能进行掌握，注重信息技术实践教学，全面提升学生的综合能力。本节针对高中信息技术课堂教学要点进行深入分析。

一、结合学生实际情况，坚持因材施教

　　在以往高中信息技术课堂教学中，大部分教师面对所有学生利用的教学模式都是统一的，学习目标的制定也是相同的。这种一刀切的教学模式无法兼顾到所有学生，特别是两头的学生，进而严重阻碍整体教学质量的提升。在每个班级中，由于受多种因素的影响，每个学生的计算机水平都存在一定的差异。在新课改背景下，要求课堂教学对学生个体差异进行尊重，要求教师坚持因材施教。因此，在实际教学中，教师应对学生进行充分了解，考虑学生接受计算机知识能力的情况、计算机水平。与此同时，教师需要对教材内容进行深入研究，为不同层次的学生制定相应的教学目标，进而使每个学生的计算机水平都可以得到显著提升。

　　例如，在讲解《利用数值计算分析数据》时，该节课教学目标是使学生熟练掌握在Excel 软件上对表格的总分和平均分进行计算，感受表格信息加工和处理的基本过程；教学重点是使通过数值计算对数据进行分析；教学难点是通过 Excel 排序和筛选数据。因此，在实际教学中，教师应结合学生的实际水平，设计不同的学习目标。针对基础相对较差的学生，教师可以要求其完成对表格的总分和平均分进行计算的任务；针对基础相对较好的学生，教师可以要求其完成排序和筛选数据任务。通过因材施教的教学模式，

可以使每个学生都能够得到进步，提升其学习自信心和成就感。

二、创建良好教学情境，营造良好氛围

在新课改背景下，出现了较多种新型教学模式，情境教学法就是其中一种。在情境教学法中，教师结合教学内容，为学生创建合适的情境，使学生有身临其境的感觉，学生在情境中对知识进行感受和探索。这种教学模式可以有效激起学生的学习兴趣，提升学生的学习动力，使学生可以全身心的参与到教学活动中。在高中信息技术课堂教学中，教师可以对情境教学法进行充分利用，结合学生的兴趣爱好和实际生活，为学生营造既符合认知水平，还可以提升学习动力的情境，进而突出学生教学主体的位置，有效提升教学质量和效果。

例如，在讲解《图形图像的采集与加工》时，教师可以根据学生的实际情况，为学生营造一个良好的教学情景。现如今，大部分学生都爱拍照片、都爱美，在拍照后喜欢加工自己的照片，使自己变得更加漂亮。因此，在课堂教学前，教师可以指引学生利用自己的手机或者相机等工具，准备好几张自己的照片；在课堂教学中，指引学生加工自己的照片。在该情境中学生希望通过美化图片，获得想要的艺术效果，对学习内容非常感兴趣。在这样的课堂教学氛围下，不仅可以有效集中学生的注意力，提升学生的学习动力，还可以使学生通过自己动手对实际生活中遇到的问题进行解决，有效提升学生的计算机水平和素养。

三、注重课堂导入环节，提升学生动力

在高中信息技术课堂教学中，导入环节是非常重要的，如果导入环节无法吸引学生，那么学生很难以良好的状态上完整节课。课堂导入环节的时间虽然较短，但是其直接影响着学生的学习兴趣和态度以及效果。因此，在实际教学中，教师可以结合学生的兴趣爱好和个性特点，对新课进行导入，通过提出具有趣味性的问题，集中学生的注意力，启发学生的思维，使学生可以敏锐地对问题进行思考，对知识进行主动获取，为后续课堂教学打下坚实基础。

例如，在讲解《动画的制作》时，教师可以对学生进行提问：你们日常都喜欢看哪些动画片？在问题的引导下，学生争先恐后地回答，有的学生回答是海贼王，有的学生回答是柯南，有的学生回答是灌篮高手等等。紧接着，教师可以继续提问：你们知道动画片是如何制作的吗？然后，把动画制作原理视频播放给学生，在视频中包括两部分内容即可。其一为一张张白纸上有一朵花生长的每个过程，连续翻动白纸出现该朵花的生

长动画；其二为原始动画片制作过程，把两张相似的图片扫描输入电脑中，利用软件处理后，出现动起来的效果。通过这样的导入环节，可以有效集中学生的注意力，提升学生的动力，使学生可以扎实掌握动画制作的原理，为学生后续操作制作动画打下坚实基础。

总而言之，在新课改背景下，加强对高中信息技术课堂教学要点的分析是非常重要的，不仅可以有效提升教学质量和效果，还可以有效提升学生的综合素养和能力。但是，现阶段，由于受多种因素的影响，信息技术课堂教学还存在一些问题。想要有效解决这些问题，教师应不断地对教学要点进行分析和探索，结合学生的实际学习情况和教学内容，挑选合适的教学手段，对学生进行信息技术知识和技能的讲解和锻炼，进而有效提升学生信息技术水平，使学生可以更好地顺应时代发展。

第二节 STEM 与高中信息技术课堂教学

新时代的信息技术教育必须着力培育高中阶段学生的创新思维能力与信息搜集能力，让学生逐步形成强烈的社会责任感与集体归属感，主动使用在课堂上所学的基本信息技术知识解决生活中常见的问题，促进自身的全面发展。为了达成基本的教学目标，教师必须主动转变教学模式，引导学生集中力量解决关键性的问题，树立信息意识与正确的价值取向。教师必须在高中信息技术课堂上组织开展 STEM 教育，提倡学生在课上或者课下进行跨学科的学习与独立探究，组建小型学习团队，突出现代信息技术课程所具备的开放性、应用性、实践性等基本特征。

一、STEM 教育理念的基本特征与内涵

STEM 教育理念可被概括为将科学、工程、数学、技术等不同领域的重点知识融为一体，针对教育对象实施综合性教学，使之掌握实践技能与最新学科知识的特殊教育思想。这一教育理念强调不同学科的核心知识在同一课程知识框架中的同一性与兼容性，整合来自不同学科的知识，重点培育高中学生的跨学科学习能力与核心学科素养。引入形式各异、内容富有探究价值的学习素材，以此全面激发学生的灵感与探究兴趣，重点培育学生的创新思维能力。STEM 教学模式下的学生可学会从整体性角度看待所学的具体知识点，主动接纳教师所讲解的基本课程内容，并与其他学习伙伴共享自身所发现的普遍性学习经验与定理。教师应当在 STEM 理念影响下的教学模式中设计互动环节，鼓

励学生之间进行相互合作，在实践性探究活动中逐步建构完善的理论体系，发现并弥补高中学生个人能力结构中的缺陷。

部分高中信息技术教师习惯于采用一元化的指导方式在课堂上讲解内容重复性较高的知识，无法达成高效率培育学生信息素养的基本育人目标，阻碍了学生创造性思维能力的发展与进步。整体教学活动所涉及的基本课程内容严重脱离现实生活，让个别高中学生错误地认为现实生活实践与本课所学的知识没有关系，以致逐步丧失继续学习的信心与探究兴趣，不愿意配合并主动参与教师所组织的实践探究活动。为了达成信息技术课程的育人目标，促进这一学科的健康发展，教师应当引入 STEM 教育理念促进课程教学体制的改革，基于具体的实践项目与生活化案例实施教学，重点培育学生独立解决常见学科问题的能力。将信息技术知识、各类学科核心技能与高中学生的日常生活建立紧密联系，让学生认识到信息技术知识所具备的实践性、应用性，学生可按照自身的想法设计小型实验或观测活动，总结实践经验，发现现有教育体系中的弊端与问题。

二、基于 STEM 理念实施信息技术教学的基本原则

（一）突出课程基本内容的趣味性

教师必须合理配置信息技术课程知识体系中的主要知识点，调整知识点的讲解方式与讲授顺序，引导高中学生梳理课程知识的发展渊源以及与其他领域之间的联系，发现信息技术在未来的发展空间与演变趋势，实施针对性较强、能够突出阶段性课程知识重点的趣味性教学。同时，要尽可能地激起学生的兴趣，鼓励学生在课堂上自行选取有独特价值的学习素材与案例进行探究，严格遵循趣味性原则，使用多媒体教学设备播放多种形式的信息媒介，如视频、音频、动态文字等，突出信息技术课程基本知识的观赏性、现实性。教师在设计课程教学计划时，应当考虑到不同层次学生在理解力、认知能力等方面的差异，从学生的切身生活环境出发介绍具体的数学课程知识。

（二）坚持复合性的原则

教师应当秉持 STEM 教育理念，实施突出复合性原则的课堂教学；应当将不同学科中的核心知识点与客观规律融为一体，将多个学习难度较高的知识传授活动置于具备突出吸引力的问题情境之中，采用多元化的综合性教学方式，根据阶段性教学目标设计课堂实践项目的主题，并引导高中学生将自身在学习活动中积累的经验在现实生活中进行灵活迁移与主动应用，强化学生参与集体合作学习活动的积极性，突破不同学科之间存在的知识壁垒，以思考问题、把握知识点本质特征为导向，开展一系列目标明确、内容丰富的教学活动。

三、基于 STEM 理念的高中信息技术课堂教学策略

（一）整合跨学科教育资源，转变学生学习方式

教师必须整合来自不同学科、不同专业的知识，将复杂多样的专业性知识整合到同一学科框架之内，降低学生理解所学知识的难度，鼓励学生将所学到的关键性技能与知识应用于课堂上或者课下的实践活动之中，引导学生从不同角度分析问题和解决问题，并自行寻找有利于改善自身学习状态、提升课堂学习效率的正确分析方法，进而提升高中学生的实践能力与问题解决能力，将各个学科领域的主要知识与关键性的实践技能联系在一起进行学习，避免教师单方面地面向学生讲解被割裂的碎片化知识。教师必须在信息技术课堂上引导高中学生逐步构建较为完善、立体的知识体系，深化学生对科学、技术、工程等不同领域知识的理解与认识，让学生正确理解计算机工作的内在原理与相关行业的演变、发展规律，完善学生的知识结构。例如，在讲解《数据及其特征》这一部分的跨学科知识时，教师可使用多媒体课件播放数字化课件，在课件中添加初步列出不同类型数据形式的图表，图表中的数据可包含多种日常生活中常见的形式，如图像、文字、数字、符号等，以此深化学生对所学知识的印象。这一贯彻 STEM 教育理念的教学模式可帮助高中学生清楚地认识到计算机科学中数据的核心特点，如多样性、可感知性、分散性等，提升学生的信息素养水平。

（二）重点培育学生的思维能力

教师必须在信息技术课堂中布置学习核心技能与基础知识的环节，引导学生使用信息技术解决常见的生活问题，还原信息技术的发展过程，把握其内在的演变规律，促进高中学生在头脑中逐步形成标准化的学科思维。如批判性思维能力、建模能力、信息分析能力等，主动使用模型处理不同形式的数据，采用正确方式验证自身对数据处理活动的有效性，透过生活现象分析本质、识别问题，制定具备较强可行性的方案。教师必须将不同阶段的课程基本内容分为多个模块，并组织高中学生根据自身的学习能力选择难度适中的知识点进行学习，避免一味地讲解理论性概念，放弃传统的重复性练习模式，引入 STEM 教育理念，引入涉及范围更为广泛的知识。例如，在讲解《大数据》这一领域的知识时，教师必须布置课前预习任务，鼓励学生搜集与大数据有关的知识，并在课上回答教师所提出的问题，概括性地说明大数据的基本特征与应用价值。

总之，教师必须主动放弃传统的枯燥教学方法，引入 STEM 教育理念，重点强化学生的信息素养，突出基本课程内容在形式层面的创新性与在内容层面的直观性，实现跨学科的核心教学内容整合目标，将信息技术教学的主要内容与实践演练进行紧密结合，

创设富有张力与生活气息的实验情境。鼓励学生以小组为单位进行自主探究，使用多种能够快速传播学科信息的工具，结合现实生活中常见的案例对信息技术知识进行深入分析，体会知识背后所蕴含的核心学科规律，促进知识迁移。教师应当明确要求学生进行动手实践，通过解决实际生活中的问题深化个人对所学知识的理解。

第三节　高中信息技术课堂教学生活化

学习高中信息技术课程的目的是让学生掌握一些基本的信息技术技能，培养其信息技术专业素养，为其将来进行更深层次的学习打下基础。在高中阶段的学习，信息技术应进一步加强对学生信息素养的培养。在信息技术教学过程中教师应当以生活为出发点，引导学生主动学习，这对提高信息技术教师授课效率和培养学生信息技术技能都具有积极意义。

一、高中信息技术课堂教学生活化的意义

所谓的生活化，其实是指学生从一堆枯燥、晦涩的课本中跳脱出来，是一个使课本知识更通俗易懂的过程，使学生更贴近生活、时事，与现实世界进行更深层次的接触和交流的过程。更简单直白地说"信息技术生活化"，其就是让学生从个人生活出发，在生活中发现信息技术，借助生活实例学习信息技术知识，把信息技术真正应用到生活中。

二、高中信息技术课堂教学生活化的策略

结合生活实例，引入教学内容。在信息技术课程的教学过程中，通过结合学生的生活实际，可以改善教学过程，并且以一种浅显易懂的方式让学生了解知识，从而达到事半功倍的效果。在教学过程中教师可以由学生身边的生活实例引入自己的授课内容，将二者相互融合并引导学生进行思考、发散思维，从具象的生活体验中理解抽象的课本概念。

比如，在开始学习《信息技术基础》第一章节的内容时，由于这部分内容更偏向理论化，如果教师只是单纯地带着学生过一遍理论，那对学生来说可能会觉得很枯燥，甚至难以理解，所以教师准备在其引导下，举出生活中的事实现象。由教师向同学们提问引入教学内容："请同学们说一说，什么是信息？在我们的日常生活中，你们认为哪些属于信息？"课堂气氛顿时热闹起来了，有同学站起来说"校园里的上下课铃声就是信

息，我们靠它来判断上课还是下课"，还有同学说"校报也是信息，我们可以通过它了解学习每天发生的事情"。同学们都发散思维想出了许多关于信息的东西，通过引入生活中的生活实例，同学们更加清楚地认识到什么是信息。

借助多媒体教学工具，让学生清楚了解教学内容。通过多媒体教具，让学生直观地感受到信息技术知识在生活中的应用。在传统的教学模式中，课本是教师唯一的教具，教师在讲解信息技术知识时，学生无法真切地感受到信息技术知识在生活中的应用，因此教师可以运用多媒体通过动画或者图片把生活中的现象描述出来、展示出来，让学生可以更加直观地感受到信息技术在生活中的应用，帮助学生理解信息技术知识。

例如，在学习表格的制作这一课时，教师先打开了一个 Excel 文件给学生看，在观看的同时教师还在进行一系列操作，填写数字进入表格内然后就自动得出合计，学生都感到惊奇，这份好奇心也使得他们都全神贯注地听起课来。另外，在学习 Word 这一课时，教师在教学过程中，通过屏幕广播讲授该系统软件的一些要点，随后在课堂上抽取学生，让学生自己使用 Word 软件，运用软件中的编辑功能美化照片，并对一段随意从课本上抄写的文字进行排版，将其制作成生活中常见的报刊封面。在这个过程中学生利用信息技术对生活中常见的事物进行调整，加深了对 Word 相关知识的理解，以一种更生活化的例子进行练习，也促进了学生后期对相关知识点的记忆。

结合课后作业，帮助学生巩固教学内容。在高中信息技术课教学过程中，要想其教学效率达到最大化，就必须结合高中生的年龄特点，从他们年龄段的实际生活出发，利用其身边发生的各种事物，努力营造出一个良好的、令人轻松愉悦的生活化教学情境，增强学生对信息技术课程的学习兴趣，促使主动学习并深入掌握相关知识。因此，在给高中生布置课后作业时，应该尽量避免无意义的抄写型作业。

例如，在学习了 PPT 的制作时，教师可以让学生利用生活中有用的素材来学习制作 PPT。课前，教师可以带领学生在校园内以拍照或者录像的方式收集多媒体资料，让学生在课后自己制作 PPT 演示文稿，然后在信息技术课堂上，由学生来展示自己的演示文稿，并详细介绍在某一处使用了何种特效。而这就要求学生善于从生活中提取素材，将生活与课本知识相结合，积极营造生活化的教学情境，这样一来，学生可以从生活中找到素材，自己动手制作，既让学生增长了知识、锻炼了动手能力，还会提高学生学习信息技术的兴趣。

归根结底，使信息技术教学课堂生活化最大的根本就是要贴近学生的生活现状，贴切学生的生活实际，让课堂立足于生活，让生活折射出学习。通过生活化的信息技术教学课堂，不但可以激起学生主动学习的积极性，还能促使学生在生活中发散思维，提出疑问，进行更深入的探索，由内而外地掌握信息技术知识，使未来的高中信息技术课堂充满生活气息，最终提高学生的综合素养。

第四节　高中信息技术课堂教学有效性

党的十九大提出："要全面贯彻党的教育方针，落实立德树人根本任务，发展素质教育，推进教育公平，培养德智体美劳全面发展的社会主义建设者和接班人。"教育部2020年再次发布《普通高中技术课程标准》，更加强调普通高中信息技术是一门旨在全面提升学生信息素养，帮助学生掌握信息技术基础知识与技能、增强信息意识……提高数字化学习与创新能力、树立正确的信息价值观的基础课程。2018年重庆市教委印发《普通高中学业水平考试实施方案》，提出对其实施学业水平考试，有利于促进学生认真学习、避免严重偏科，这样有利于学校改进教学管理，有利于高校科学选拔学生，促进高中和高校人才培养的有效衔接。随着高中信息技术课程标准的深入实施，高中信息技术课程在学生学业水平考试中的地位愈加重要，但在教学中仍存在课时不足、教学效率及有效性不高等问题，严重制约着学生学业水平考试成效，也影响到学生高考及其录取结果，需要引起高度重视并给予科学解决。

一、高中信息技术课堂教学中存在的问题

参照教育部颁发的《普通高中技术课程标准（2020年修订版）》和重庆市教委《关于印发重庆市2018级普通高中学生课程设置及周课时安排表的通知》（渝教基发〔2018〕28号）的有关规定，结合学校信息技术学科教学和学生高中学业水平考试要求等实际，笔者认为当前的信息技术学科教学主要面临以下几个急需解决的问题。

（一）学科课时不足

信息技术课程在高中二年级上学期就要参加重庆市普通高中学业水平考试，其课程虽然在高中一年级和二年级的上学期开设，但很多学校的实际开课授课期限只有两个学期，加上其他不可预料因素的影响，其学科教师的实际授课学时最大限度不到36节，这离学生学习的实际课时需求相差甚远，这必然会严重影响教师的教学成绩和学生的学习成效。

（二）教学方法滞后

面对国际新课改后新教材全新的内容，很多一线教师受多重因素的影响，对新课改

精神及新教材的学习理解不够，不论是其教学观念还是教学方法的转换，都还有一个逐渐适应的过程，部分教师的备课还是坚持以前的三维教学目标为框架，上课还是继续沿用传统教学方法，其教学过程缺乏应有的生机与活力，更缺乏创造性和新颖性，其教学效率和学生的学习成效不高。

（三）学生基础差异

信息技术学科是中学的必修课程之一，但因为各种原因的综合影响，尤其是城乡教育资源的发展不平衡、学校素质教育贯彻不彻底，部分初中学校的信息技术课程教学没有得到该有的重视，学生的信息技术学科课时被挤占，学生的基本信息技术素养严重缺乏，因而考入笔者所在院校的城乡新生，其信息技术学科基础知识与素养存在较大差距，成为学校学生中基础差异最大的学科之一，无疑增加了学科教师教学的难度。

（四）教学评价不公

学校既往的教师教学成效考核与评价标准，既不能真实反映信息技术学科教师的教学实际，也不符合新课改学生学业水平考试的实际要求，更不能科学指导信息技术学科教师的教学实践。这是不利于培养学生综合素养使之成为国家需要的社会主义事业建设者的。

因此，如何在有限的教学时限内让学生学习和掌握更多的学科内容，达到学业水平考试的基本要求，就成为当前信息技术学科教师面临的突出问题。提高课堂教学的有效性无疑成为提高学科教学的课堂教学效率、实现高中学生学业水平考试目标的有效途径。

二、提高信息技术课堂教学有效性的探索

教师在教学中要以培养学生学科核心素养为中心，积极关注他们的个体差异，合理组织教学内容，优化设计教学环节，完善课堂教学评价，才能有效解决上述问题。

（一）深入理解课标要求，合理改编教材内容

课程标准是规定学科的课程性质、课程目标、内容目标、实施建议的教学指导性文件，要在有限的课程教学时间内完成规定的教学内容，教师必须深入学习和深刻理解课程标准，明确信息技术学科教学中学生的核心素养（信息意识、计算思维、数字化学习与创新和信息社会责任），抓住数据、算法、信息系统、信息社会四个学科概念，优化整合课程教学设计，根据学生基础和生活的实际，对现有教材进行适当改编，及时调整和整合教材内容，并针对不同类型的学科知识调整教学方法与策略，形成包含各章节重要知识点和核心素养的导学案，以提高课堂教学的有效性，从而实现有限的时间完成规定的教学任务。

（二）合理设计教学任务，有效实施分层教学

由于学生来自不同区域和学校，其学科基础知识参差不齐，基础好的学生在老师适当地引导下就能顺利完成导学案上的相关习题并能举一反三，改编或者创造性地制作出得意的作品。部分基础差的学生操作不够熟练、缩手缩脚、上机实践缓慢，不能顺利完成导学案相关的练习题。因此，教师在教学设计过程中要合理设计教学任务，充分考虑不同层次学生的既有基础水平，设计出差异化的操作题目，其导学案的练习也要坚持由易到难、层层推进，让基础差的学生能完成基础任务，基础好的学生在完成基础任务后有事可做，真正实现因材施教、分层教学。在上机操作中把学生合理分组，把基础好的同学分到各组去，实现组内辅导，这样既减轻教师逐个辅导学生的压力，也使小老师得到锻炼成长，使他们分析、解决问题的能力得到提高，从而使所有的学生各得其所、共同进步。对于能举一反三甚至创造性制作出作品的同学及时向全班同学展示他们的作品，此举既表扬了他们又能激发更多学生对编程的兴趣。教学设计时也可以充分发挥微课在分层教学中的作用，让接受慢一些的同学多次观看其他学生的学习及制作方法。

（三）多种教法结合使用，合理采用项目学习

教学有法、教无定法，信息技术课程教学常用的教学方法有任务驱动教学法、案例教学法、探究学习法、项目学习和教练法等。为了更好地适应新课标的要求，让学生真正实现"做中学、学中创、创中乐"的主动学习，项目学习法是特别适合的教学方法，其核心是"从实践入手、先学后教、先练后讲"。教学过程中可以参照范例设计教学方案，让学生通过项目学习达成学习目标，形成学科核心素养，提高课堂教学的有效性。

在备课环节，围绕教学内容搜集一些相关资料，根据新教材特点实行单元备课，单元内容采用项目式学习，再把项目分解成若干教学任务，将每个任务都设计得明确、合理、科学，将各知识点融入各个任务，让学生通过完成每个小任务，最终完成单元项目，使学生拥有真正的学习主动权，让他们在尝到学习的乐趣中掌握需要接受的知识，使每个学生都能体验到成功的喜悦。如在程序设计教学过程中，把整个单元的教学项目设计为"猜大小"游戏和应用循环结构利用 Turtle 库做图。在顺序结构程序设计时用 Turtle 库逐条命令画出线段、三角形和五角星，一个个小任务从简单到复杂。在选择结构程序设计时则在输入、输出函数基础上完成对输入数据的判断，到了循环结构程序设计教学环节则在完成前面任务的基础上实现复杂图表的绘制。大部分学生能在小任务的逐渐完成过程中完成规定的项目，少数基础好的学生还在项目学习过程中创造性地画出复杂的图形。

（四）多种评价方法结合，有效实施教学评价

通过学生的学业水平考试结果来评价课堂教学成效，是教学评价的重要手段与环节。但教学评价应根据学科核心素养及学生学业学习的具体要求、学生学业水平考试的质量来设计，既要关注学生学科知识与技能的掌握，也要更加关注其学业成就的发展，同时还要关注他们解决现实问题和团队合作能力的提升；教学评价方式应包括纸笔测试与上机测试，测试题型可以是单选题、思考题和情境题。教学评价宜以项目学习活动过程性评价为主，设计合理的"项目活动评价表"对项目学习活动的每个环节进行评价，通过老师评价学生、学生自评互评等方式，综合评价学生的学科基础知识与基本技能、解决实际问题的过程与方法以及情感态度与价值观的形成是否达到学习目标，才能促进学生更主动地参与到课堂教学中，更加积极地学习和掌握教学内容，也能使学生更客观地评价别人的作品，让不同水平的学生在活动中都能有所发挥和创新，取得良好的学习成效。

经过笔者一年多的实践与探索，并对学生的学业成效进行前后测评的对比分析，学生的平均分、优秀率、及格率及综合水平都有显著提高，学生的信息技术基础知识得到较大程度的提升，其学科核心素养也得到有效发展，教师的课堂教学有效性具有显著提高。

第五节　高中信息技术与课堂教学整合

高中时期是学生对知识理解、能力提升的关键阶段，但面对复杂、繁多的课程内容，常常让学生产生"望而却步"的心理，或多或少地对学科教学出现畏难情绪，这导致学生在学习活动中对课堂知识的掌握存在不足、对课堂活动的环节参与不到位等现象，不利于学生对学科发展、知识积累的有效性。但将信息技术与学科教学融合发展，将有利于提升学生对课堂教学的直接感观，激发学生对课堂活动的参与兴趣，从而达到有效教学的目的。因此，本节从当前高中教学所存在的问题、信息技术与课堂教学整合的意义两个方面，对高中学科与信息技术的融合发展进行探究。

一、当前高中课堂教学中存在的问题

（一）课堂手法单一

传统意义上的课堂教学，教师往往采用单一、枯燥的讲授方式，学生只能被动接受文化知识，从而出现费时低效的学习"教""学"现象。此外，有时教师为了完成相应

的课堂教学任务，对课堂的安排和教学节奏的把握过于紧凑，忽视对学生学习主体的把握，导致学生对课堂知识的掌握存在"囫囵吞枣"的现象，对学科知识未能起到有效的思考和理解，不利于学生下一步学习任务的展开。同时，信息化设备使用率不高等现象也是目前存在的问题点之一，教师自身素质不足，信息设备使用方面缺乏足够的操作经验，从而造成信息技术教学缺乏信息设备支持的尴尬情况。

（二）教学内容枯燥

从当前的教学内容上看，大多数的教师普遍以教材、教参讲解为主，以文字语言的形式传授课堂知识，这种枯燥乏味的知识讲授，在一定程度上使学生的学习兴趣得不到有效提升，还在学习活动的过程中出现厌学、抵触等心理情绪，使课堂活动的有序开展受到阻碍。同时，教学内容的单一性，也使学生的思维意识和探究心理受到制约，学生在学习思想上或多或少地出现"就这点知识""学完就没了"等现象，不利于学生知识积累的发展和提升。

（三）学习资源匮乏

学生的知识提升和学习能力的培养，不仅仅在于对教材知识的学习，还要注重对学生学科文化的广度和深度的探究，从而使学生的学习成长得到全面综合性的提升。然而，在当前的课堂教学中，教师长期受应试教育的影响，过多注重学生对课本知识的掌握和习题练习情况，忽视对学生广度的拓展和深度的挖掘工作，导致学生的知识储量存在单一、片面的现象，究其原因，主要是学生学习资源的匮乏。此外，教师对学生的理论知识进行"鞭策"掌握，但对学生实践能力的培养存在"空白"现象，故而出现"高分低能""理论能手、操作新手"的不良情况，一方面是教学思想的问题，另一方面是学习资源不足产生的。

二、信息技术与课堂教学整合的意义

（一）改进传统的教学模式

首先，学生可以运用信息技术随时对课本内容进行学习和探究，提高学生学习的时间性；其次，将学科资料上传于信息化教育平台上，使学生可以对其进行观看和掌握，提升学生对知识学习的效能，消除物理空间所带来的制约，让学生更加便捷地展开学习任务；最后，现代教育对学生的培养讲究的是全面性，传统的课堂教学无法使学生的知识随着兴趣的不断增长而进行选择，但信息技术的运用，可以使学生在学科学习中，对知识内容进行综合性的掌握，达到"随问随学、随学随教"的效果。由此可见，将信息技术与课堂教学整合发展，有利于改进传统的教学模式，提升学生学习和课堂教学的质量。

（二）创新课堂教学的手法

高中阶段是学生学习发展的"艰难期"，学习课程多、学习任务重、学习压力大等对学生的课堂学习带来不小的影响。传统意义上的教学手法已不能满足或调动学生对课堂知识的学习兴趣，创新和改进教学手段已迫在眉睫。将信息技术运用到课堂教学中，可以对教学方式和方法得到创新的突破。如生物学科对微观的讲述和理解时，学生缺乏对微观知识的认知和想象空间，所以在学习的过程中难免出现学习不到位的情况，一定程度上影响授课质量。这时，教师可以利用多媒体资源或信息化课件向学生展示微观下的生物，可以有效提升学生对概念和知识的理解，促进学习能力的提升。

（三）丰富课堂的教学内容

教学内容始终是学生学习活动的重点之一，枯燥乏味的内容讲述对学生的课堂学习和知识积累产生阻碍的影响。将信息技术与课堂教学相结合，以信息技术的丰富性、多样化的特点渗透到课堂活动当中，有助于丰富学生的学习内容，对课堂教学情境的构建也起到促进作用。如语文学科语言文章的讲述过程中，教师可以运用信息化设备，将课文的作者背景、创作情态、社情环境等内容向学生进行展示，使学生在了解初级语言文字的基础上，更深一层次地感受中心情感和主旨大意，从而提升学生的理解能力。丰富多样的教学资料和素材展示，对学生的学习兴趣和参与热情起到引导作用。

（四）拓展学生的学习资源

教材资源的知识终究是有限的，提升学生的知识积累量，将要从学生的学习资源方面展开。传统的书本内容在一定程度上对学生的知识积累起到提升作用，但所包含的内容和知识点较单一，缺乏直观的知识体系，这也是学生的认知发展产生局限、片面的特点。将信息技术与课堂教学相结合，整合学生的学习资源，将其构建出完整的知识体系，将有助于对学生学习能力和理解水平的发展。此外，学生在遇到相关问题时，可以利用教育平台、论坛、群聊等方式，及时搜索或反映问题，从而保证学习活动的连贯性。

综上所述，将信息技术与课堂教学进行有机整合，使高中的学科教学更具有丰富性、趣味性和质量性，从而有效促进学生对知识学习的能力提升和内在素养的良性发展。此外，信息技术与学科教学的融合发展，关键在于对学生主体的把握，始终保持良好健康的教学环境，将有力推进信息化教育事业的积极发展。因此，在今后的教学工作中，希望广大教师，从学生的主体出发，不断丰富学生的教学内容、优化教学结构，使学生的学习活动更加多样，从而为学生美好的明天打下坚实基础。

第六节　高中信息技术课堂教学生态化

从客观的角度来分析，高中信息技术课堂的教学难度并不低，同时受各方面影响非常多，要想在今后的教育工作中得到更好的成绩，必须在生态化的教学模式上积极地构建，要在课程的教授过程中，达到师生的良性互动，双方之间积极探讨，提高教学的科学性、合理性，为长久进步奠定坚实的基础。

一、高中信息技术课堂存在的问题

（一）缺少主题

就高中信息技术课堂本身而言，我们开展教学的目的，在于帮助学生更好地成长，从而在多方面的学习中获得较多的知识。部分教师在教育过程中，并没有对主题进行有效的划分，往往是展现出较高的随意性。这种现象的出现，直接对高中信息技术课堂产生了一定的影响，很多方面都无法取得较好的效果，最终造成的隐患非常突出。首先，在高中信息技术课堂的教育过程中，各个单元的固有主题贯彻，没有按部就班地开展，对学生的放任程度较高。这种散漫的教学模式并不能帮助学生取得良好的效果，而是在很大程度上对教学的进步产生了一定的阻碍，学生在知识和技能的掌握上不够透彻，无法获得预期教学效果。其次，缺少主题的教学，并不符合高中信息技术课堂的初衷，由此对各个层面的教学拓展很容易产生一定的问题，需要在日后的工作中高度关注，尽量做出改善并解决。

（二）资源开放性不够

当代的高中信息技术课堂开展，不能总是在传统的层面上努力。从时代发展的角度来分析，高中信息技术课堂的教育是让学生拥有更加开阔的眼界，在多个层面努力取得较好的成绩，否则很难在未来具备足够的竞争力。但是在调查的过程中发现高中信息技术课堂的教育，并没有按照预期的设想来完成，其在资源的开放性方面表现不足，进而对具体的教学任务实施造成很大的阻碍。首先，高中学生对信息化技术持有较高的认可度，自身不仅会报班学习，也会根据网络上的培训材料来学习。因此，教师在日常的知识讲授过程中，要不断地进行拓展，总是集中在课本的基础知识上，很容易失去对学生的认可，在未来的教育工作中，无法满足人才的培养。其次，教师在开展教育的过程中，并没有给予学生较多的选择权，自身在讲台上滔滔不绝地讲解过程中，很少有学生会与其开展良性互动，整体上未收到预期效果，这就在无形之中对资源产生了一定的限制，在很多方面都产生了一定的不良影响。

（三）活动参与性不高

高中信息技术课堂的问题当中，除了上述两个方面的内容外，活动参与性不高，也是需要积极重视的。从目前所掌握的情况来看，高中信息技术属于浙江省高考科目，学生对此的关注度不够，教师的教学行为也非常散漫，二者的教育、学习互动展现为一定的偏差现象。从课堂教育的角度来分析，活动参与性不高的现象将会直接导致高中信息技术课堂出现问题。首先，日常课程的活动参与性不高，教师无法对学生的需求、内心想法进行充分的了解，只能是凭借自身的经验来判断。表面上，教师可根据多年的经验进行准确的判断，可是在实际的教育工作中，师生方面的冲突和矛盾非常严重，现代学生已经与过去有了很大的不同，教师不能再按照老旧的目光来衡量。其次，学生参与性不高的时候，无法对知识学习、技能提升产生较高的兴趣，在某些状况下，甚至会产生一定的排斥现象，这就直接造成了高中信息技术课堂教育的内部隐患，需要在日后的工作中积极地改善。

二、高中信息技术课堂生态化教学模式的构建策略

（一）导入环节

在高中信息技术课堂的研究过程中，发现生态化教学模式的构建，主要是针对高中信息技术课堂的一些固有问题实施彻底解决，同时利用新型的教学模式，更好地提高教学水平，为日后的进步提供足够的支持。本节认为，生态化教学模式的构建过程中，导入环节是非常重要的基础内容，如果在该方面的教育中未按照合理的方法来完成，将无法良好地完成教学任务。例如，在导入环节，可以与日常生活、今后的工作相联系，让学生具有较高的关注度。当今的社会竞争压力非常突出，信息技术几乎成为必备的能力，教师可在课程开展以前对学生提问：大家知道哪些重要的办公软件？学生会进行office办公软件的回答，或者是一些专业的软件回答。教师可由此对新的课程进行带入。由于学生自己回答的答案是正确的，且非常贴近现实，容易引起他们对软件的高度关注。再如，在讲解计算机杀毒维护之前，教师可以让学生列举近些年比较出名的电脑病毒或者被黑客利用的电脑漏洞（熊猫烧香病毒、永恒之蓝病毒、心脏滴血漏洞等等），通过大家都比较了解的电脑常识来导入课程教学内容，进而让学生了解常用的小红伞、360杀毒等杀毒软件，让学生了解最基本的电脑病毒预防和杀毒技巧，能够起到良好的教学效果。教师在新课的讲解过程中，应继续秉持这样的提问方法，让学生可以不断地去思考，

同时与本节课程相融合，这样就能够最大限度地完成课程内部的良性循环，有利于推动学生思维的进步，减少学完就忘的情况。

（二）知识讲解

高中信息技术教育过程中，生态化教学模式的构建难度并不低，想要让学生充分地掌握实施，必须在讲解的方面高度关注，即便是出现了很小的偏差，都容易对高中信息技术课堂的整体效果造成影响。从生态化教学模式的角度来分析，知识讲解的开展，可从以下几个方面来努力：第一，教师针对基础知识的讲解，应该遵循多元化的原则，充分考虑学生的喜好来进行教育。例如，高中阶段的打字教学，要求学生选择一种自己喜欢的方法来完成，同时要达到准确率的提升、效率的提升，盲打是最基础的要求。打字软件比较多，包括五笔打字、智能 ABC、拼音打字软件等。无论是采用哪一种方法，都要持之以恒地练习。同时，教师可以让学生上台比拼，从而激发学生的学习斗志。第二，在专业知识的讲解过程中，教师应尽量对内容开展细化分析，尤其是在 access 等实用内容的讲解过程中，要让学生一步一步地操作，及时解答学生的问题，然后再进行下一步的锻炼，目的在于将教学的阶段性有效完善，而不是仅仅追求效率，要符合生态教学模式的多元化要求。

（三）任务迁移

任务驱动法是信息技术课堂培养学生自主探究合作能力的主要教学方法。将教学内容有机融入每个具体任务当中，通过教师创设的情境。学生明确任务并以完成任务为目的开展学习，最终归纳出完成任务的方法、步骤和规律。相对而言，高中信息技术课堂的教育过程中，生态化教学模式的构建的确能够充分打破固有的教学体系，但是想要在未来的教育中取得较好的成绩，必须在任务迁移上有效地落实，要努力地让学生的思维更加活泛，否则无法快速提高教学的成绩。

（四）自主探究

为了培养学生对信息技术的适应能力和发展能力，信息技术课堂要充分自主化、个性化，让学生独立完成任务的同时也要尽可能培养其协作探究精神，通过适当提高任务的难度进行层次化教学，满足他们的个性化需求。比如，在讲解 word 表格的过程中，不仅要让学生学会编辑文字（调整行间距，调整字体、颜色、大小，插入符号和公式），还需要引导学生学习其他的实用功能。比如插入表格、插入统计表、插入目录和更改文档背景颜色等等。这些功能都是学生在软件应用中可能会用到的，具有较强的实用性，可以满足学生的个性化需求。所以，教师需要通过合理的引导，让学生自主学习和掌握这些功能。分析认为，自主探究是高中信息技术课堂生态化教学模式的核心内容，如果学生在自主探究的能力上表现出不足，那么后续阶段的学习就会遇到很大的阻碍，同时无法获得理想的成绩。日后，应继续在高中信息技术课堂生态化教学模式方面加强自主探究教学，为学生有效地布置任务，尽量让他们去查找学习方法、锻炼模式，教师从中展开有效的引导和纠正，让学生在信息技术的掌握上更加熟练，推动自身竞争力的快速提升。

本节对高中信息技术课堂生态化教学模式的构建展开了讨论，现阶段的教学效果比较值得肯定，整体上符合高中教育的要求。日后，在生态化教学方面，需要进一步优化处理，努力提高教学的可靠性、可行性，推动教育水平的提升，要将人才培养放在第一位，创造出更高的教学价值。

第七节　项目学习与高中信息技术课堂教学

对于素质教育而言，通过应用项目式学习方式，能够有效实现教学创新的基本目标。该方法可以有效提高学生的学习能力，相比传统单一方法有着显著优势。在信息课程中进行应用，主要目的是培养学生的兴趣，让其在完成学习任务的同时，获得一定的成就感，激发学习动力，为自身未来的发展奠定良好基础。

一、项目式学习的概念和特色

所谓项目式学习，主要是指针对一个即将被完成的任务，在规定时间中，满足特定目标工作的学习掌握。从概念部分来看，项目式学习和传统教学模式差异化非常大，主要是给学生进行项目分配，让其扮演一名生活中常见的工作角色，依靠任务研究，逐步完成问题处理，得出最终结论。在学习过程中，教师需要将信息技术作为重要载体，教师结合教学活动的情况，促使项目式学习能够和教学活动全面结合，让学生在任务完成的时候，对学到的知识全面融合，逐步提高自身探究能力。

在高中信息教学过程中，通过应用项目式学习的方式，能够有效保证教学活动满足课程的基本特色，让学生展现出自己的基本能力。由于在整个教学活动中，教师给予了学生大量的空间，让其根据自己的想法，自由设计和应用，因此学生的综合能力得到了显著提高。

二、项目式学习需要遵守的原则

在高中信息技术教学过程中，为了保证项目式学习的效果得到体现。教师理应结合课程内容本身，对项目任务予以设计。同时还要将学生的实际情况考虑进来，保证项目具有较强的可行性，充分展现学生的主体性价值。在整个过程中，全部工作都由学生自主探索完成，因此能够有效提升自身素养。具体来说，项目式学习主要需要对以下几个教学原则进行贯彻。

（一）制定明确目标

在开展项目式学习的时候，教师理应针对教材中的重点内容予以有效把握，将项目任务提出来。学生在自主分析之后，可以对其重新划分，变为多个小项目，各个项目之间存有一定的联系性；然后再依靠自主探索和操作，逐步达成任务目标。在这一过程之中，教师的注意力应当全部放在学生的探索方面，当其遇到了任何困难，可以给予适当的指导，让其懂得如何正确应用自己学到的知识，有效完成问题处理，促使整个学习过程变得更具实践性和探索性特点。

（二）注重项目可行性

对广大高中学生而言，进行信息技术知识学习的主要目的是为未来学习工作的开展奠定基础。因此在进行项目设计的时候，教师可以尝试将教材知识全部提炼出来，并和现实工作进行结合。所有设计的任务不能过于简单，否则很难将学生潜在的探索热情激发出来。同样，任务难度也不能过高，否则学生无法完成，很容易选择放弃。只有整体难度和学生的能力完全匹配，才能让其充分展现自我，通过合作的方式，共同进行问题处理，进而提升学习的效果。

（三）贯彻以人为本理念

在进行信息技术教学的时候，相比于女生，普遍男生的兴趣度更高。这主要因为其平常在家有大量机会接触电脑，个人操作能力非常强。所以，教师需要对这一问题有所关注。在设计项目时，理应将男生和女生之间的差异考虑进来，为男生和女生提供不同的项目任务，从而可以让其在自己的能力范围之内完成探究、思考，最终完成项目任务。

（四）加强知识运用

在开展项目式学习的时候，通过将学生自身的学习任务和日常生活展开联系，能够有效激发其潜在的积极性，让其明白知识学习的价值所在。在这一过程中，学生便会懂得如何对知识内容进行融会贯通，逐步完成知识体系的打造。另外，还能在实践过程中，对当前学到的知识内容提前总结，进而使得自身综合素养有所增强。

三、项目式教学实践问题和处理方法

（一）选题阶段遇到的问题

1.对选题无从下手

由于习惯了早期任务驱动式的学习模式，教师在应用项目式教学方法后，将整个课堂全部交给了学生自己，导致学生不懂得如何正确选题。部分学生对选题根本不了解，不知道如何进行主题确定。

针对这一情况，教师在实际授课过程中，应当组织全班学生针对选题展开探究。同时在备课的时候，也会依靠问卷调查的方式，调查学生可能有兴趣的问题，以此作为备选。另外，还能通过思维导图的方式，引导学生进行自我反思，想一想对近期社会中出现的现象有着怎样的感受和想法。之后再让其充分利用技术，对这些重要问题予以详细研究。

2.选题范围过大

部分小组的学生在进行选题时，整体范围过大，导致主题变得非常虚，缺乏实质性内容。如此就会造成探究工作的难度提高，同时很难确保之后的研究工作顺利展开。

针对这一问题，教师可以为学生提供一些选题，让其自主筛选。之后再对学生予以指导，让其对研究对象不断细化，将研究范围进一步缩小。

例如，在学习3D打印知识的时候，一些学生就提出想要将故宫的模型完全复制出来。尽管想法极具创意，但由于故宫的占地面积过大，显然复制难度非常大。即便全班学生一起努力，在有限的时间之内同样很难完成。为此，教师就要引导学生对选题采取细化处理，将不必要的部分舍去，选择一些代表性建筑，诸如太和殿、故宫博物院以及部分长城等。如此一来，学生就能在规定的时间内完成学习任务。

3.对知识的理解缺乏深度

一些学生对项目式学习的理解过于浅薄，在思考过程中，一直采用传统任务驱动式思维，对教师提供的项目范例进行重复。显然，如此学习自然会影响整体质量。

针对这一问题，教师可以尝试利用提问的方法，对学生进行引导，让其深入思考。针对主题中的关键词采用"3W"提问模式，分别是"What""How"和"Why"，以此追溯根源，寻找其中的原因所在。

例如，教师在前期提供的范例之中，以及对使用按钮制作播放器进行了全面演示。此时就可以展开教学引导工作，让学生自主对蜂鸣器进行研究，把握其原理所在，思考如何调频和拓展。之后再思考如何进行创新，完成改进工作。

（二）方案设计阶段遇到的问题

在进行方案设计的时候，其重点部分就是安排学生分工协作。通过应用数字化工具，设计一个能够有效解决问题的具体方法。

在这一阶段之中，主要是让学生思考具体方案需要怎么写、为什么需要如此写。方案研究工作本身是对项目学习开展的重要引导，能够将研究者的思考模式全部展现出来，同时也是后期实践工作开展的重要规划。因此，整体重要性非常高。在实践过程中，教师可以依靠范例指导的方式，让学生逐步把握方案编写的重点，分别是对象、方法和过程。其中对象是本次课题研究的意义和目的；方法是具体需要应用怎样的方式，为了保证效果，应当获取哪些信息；而过程则是对时间和成员进行分配。

除此之外，讨论工作同样非常重要。大家通过相互交流之后，能够从其他小组中获得更多想法和灵感，同时也能为他人的方案提供见解。必要时，还能够依靠开题报告的形式，对整个研究项目进一步规范，确保方案有较强的可行性。

（三）项目实施阶段遇到的问题

在项目教学法应用的过程中，项目的实施过程一直都是其中最为重要的部分。在这一过程中，学生是中心人物，各个小组应当依靠合作的方式，自主感知，经过长时间思考之后，制定报告。无论采用哪种探究模式，都需要完成问题处理。

需要注意的是，如果教师采用了控制式探究形式，会对学生的自由带来严重限制，而如果应用的是表演式探究，则会导致自由虚假化。所以，当前教育工作的重点便是引导学生如何正确分类和整理，逐步完成问题处理。对于出现的各种问题，教师应当为学生预留出思考的时间，不要立刻予以解答，需要通过资料引导，让学生自主调查和利用，完成问题处理。

在这一过程之中，还有一个问题需要重视，也就是在实施过程中，可能会有方案无法按照原本设计形式展开的情况。毕竟项目学习的一大特色就是问题的生成性，学生在学习过程中，自然会有大量新问题产生，自身想法也会变得更为完善。所以，教师可以安排学生深入讨论，对方案持续修正，促使项目实现优化迭代。

（四）项目展示阶段遇到的问题

在对项目进行展示和交流的时候，教师应当引导学生对各类资料进行展示，具体形式可以是论文、报告和记录，同样也可以是演讲或者作品展示。

在展示过程中，自然需要对其进行评估，具体方法可以将自评、互评以及教师评估结合在一起。教师在评估时，应当充分把握学生的参与状况、实践效果以及能力提高等部分，将注意力全部放在过程部分。互评和自评的主体是学生自身，大家通过自己的实际想法，对他人的作品提出意见。通过全面结合之后，最终评估的效果自然会更具合理性。

综上所述，高中信息技术教学的知识内容十分抽象，早期教师在教学时，由于应用的方法存在缺陷，从而导致教学质量未能达到预期。为此，教师就可以尝试应用项目式教学的方式，将整个课堂全部交给学生，让其自主按照要求，逐步完成各个项目。在这一过程中，学生就能将以前学过的信息知识融会贯通，有效解决眼前的问题，以此加深认知和理解。长期如此，学生的综合能力必然会得到大幅度提高，也将为其未来的个人发展带来了诸多帮助。

第八节　高中信息技术课堂教学中的师生互动

新修订的高中信息技术课程标准，凝练了学科核心素养知识，要求学生信息意识、计算思维、数学化学习与创新、信息社会责任等维度实现综合发展，而教师在这一过程中需要扮演好主导角色，引导学生主动参与学习，实现自主发展。加强师生互动是当前渗透信息技术核心素养的重要条件，在教师与学生的动态交流中，学生能够通过质疑、调查、探究，在实践中学习信息技术知识，同时也避免了学习过程中的散漫和无序的问题，在主动的、富有个性的过程中实现全面发展。但是，结合当前高中信息技术课堂教学来看，师生互动中的问题依然比较突出。针对此，教师有必要根据新课程标准要求思考探究科学有效的师生互动策略。

一、高中信息技术课堂教学中的师生互动中存在的问题

信息技术课程是高中阶段提升学生信息素养的主要学科，且高中生成长于信息时代，在学习与生活中积累了一定的信息技术知识，希望在课堂上与教师展开互动。与此同时，随着课程改革的深入，教师对学生主体、师生互动的认识也正在发生转变，引导学生成为课堂的核心角色，并在互动中引导其核心素养的发展，已经成为许多教师教学实践研究的重点。但是从高中信息技术课堂教学现状来看，师生互动中存在的问题依然比较明显，具体表现在以下几方面：

第一，师生互动浮于形式，缺乏实质性交流。一些教师在备课中缺乏对学生的深入研究，忽视学生信息意识、计算思维等核心素养发展的需要，片面依靠主观经验引导互

动，且对于学生的探究、回答结果过于敷衍，无法指出问题、合理拓展。这样的课堂设计是为了互动而互动，没有体现师生之间生命的沟通和交流，影响了互动的实质性成果。第二，师生关系失衡，在互动中无法实现教与学的有效沟通。师生互动的最终目的是教学相长。但是，从计算机课堂上来看，一些教师或者仅仅把控着互动的主动权，通过提问的方式引导学生的学习过程，忽视学生的主体地位，弱化学生的质疑和思考，导致互动成为教师的单方面知识讲授；还有一些教师对学生过于放任，将学习的主动权交给学生的同时没有进行及时有效地启发、规范、引导，导致师生互动在学生无序的探究中失去价值，影响了课堂教学进度与教学质量。从这两种互动失衡的现象来看，教与学之间的平衡才是有效互动的条件，而让师生各自发挥优势也是保证互动效果的基本要求。第三，师生互动缺乏情感沟通，互动过程机械僵硬。在信息技术课堂上，师生互动更多的是停留在知识讲授和能力训练方面，缺乏情感的交流，这导致互动过程乏味无趣，弱化了情感目标的实现，影响了学生对师生互动的认可和参与。

二、高中信息技术课堂教学中的师生互动策略

（一）知识讲解过程中师生互动策略

现代社会是一个信息化与网络化高速发展的时代，人们生活中的方方面面都与信息化的电子产品有关，信息与网络的普及也在深刻地影响着人们的生活方式与思维方式。所以现在要求高中生要掌握基础的信息技术知识，如果教师在给学生讲述基础知识的时候能够多一点师生互动，那么就可以更好地帮助学生学习到有关信息技术方面的知识。理论知识是信息技术课程的主要内容，也是教师教学讲解的载体。随着现代教育理念的创新，各种新颖的教学方法逐渐引入课堂中来，对传统的讲解式教学方法造成了一定的冲击。但是，无论如何构建系统的理论讲解过程都是课堂设计最重要的一部分。当然，在知识讲解过程中，许多教师很容易陷入"满堂灌""一言堂"的误区，这时就需要教师对传统的讲解式教学方法做出适当的调整，为学生参与课堂互动创造充足的空间。例如，在"数据与数据结构"相关知识的教学设计中，教师在讲解数据在现代社会价值的过程中，可以结合现实生活的案例，为学生参与互动创造契机，引导学生调动生活经验参与课堂讲解，与教师共同完成知识探究。

（二）问题引导过程中师生互动策略

问题是课堂上师生展开互动的重要契机。通常来讲，教师围绕某一知识点提出问题，学生进行回答，在师生问答的过程中完成知识的传递与情感交流。但是，在现代教育改革中，教师单方面提出问题的课堂模式已经逐渐被颠覆。正如爱因斯坦所言："提出一个

问题比解决一个问题更重要"，因此，越来越多的教师开始强调学生在课堂问题引导中的参与度，鼓励学生质疑，进而提高师生交流的频率，锻炼学生的思维能力。例如，在"数据结构"相关知识的学习中，一些学生结合生活经验对数据的存储结构与数据运算之间的关系提出问题，教师则据此组织课堂讨论，在师生的平等互动中找到问题答案。

（三）探究式学习中师生互动策略

在信息技术学科中学生的核心素养发展需要建立在自主探究的基础上。随着信息时代的逐渐发展、电子信息技术的逐渐更新，人们意识到，只有不断地探究式学习才能够在信息高速发展的时代不被淘汰。所以人们目前对探究式的学习重视程度越来越高，仅从学校的学习环境来说，由于学校把信息技术这门课程设置得不够合理，甚至有的学校信息技术课程被其他文化课所占据，再加上信息技术课程只是一门选修课，所以导致教师和学生往往都对这门学科不够重视，在这种情况下，探究式的学习就必须建立在师生有着良好互动的基础之上。自主探究能够调动学生的综合经验，激发学生精神力量，促使学生在实践中深化知识学习。当然，在探究的过程中，教师的辅助指导是必不可少的。在信息技术课堂上，教师可以围绕教学的重难点，设计探究性任务，要求学生或独立思考或分组合作，以完成学习任务。例如，在"网络基础"相关内容的学习中，教师结合学生日常上网行为，设计探究 TCP/IP 协议的功能和作用。在探究过程中，教师结合某一网址，引导学生通过查找属性找出协议，并结合搜索行为对比分析协议的作用和功能。这一过程中教师应注重对学生思路的启发，在互动过程中缓缓渗透，引导学生自主完成探究过程。

（四）案例式教学中师生互动策略

案例是学生探究知识，发展举一反三能力的重要载体。由于信息技术的快速发展，传统的教学方式已经不能满足现代的信息技术课堂。当前各种教育课堂软件已经在学校中运用，教师也可以结合信息技术利用多媒体对学生进行案例式教学，在案例式教学中加强师生互动，在高中的信息课堂之中，建立起良好的师生关系，使学生对老师不再有畏惧抵触的情绪，这样既可以大幅度地提升信息技术教学的教学效率，又可以为学生拓展全面发展的空间。在信息技术课堂上，教师可以围绕案例与学生展开互动，针对案例中的问题，鼓励学生发表观点、探究解决方案，并结合案例的典型性探索信息技术知识的应用范围。在这一过程中师生的互动找到了合适的契机，教师可以在案例中融入教学目标，学生也可以围绕案例主动探索，因而，师生互动往往能够获得良好的效果。例如，在"信息编程"相关知识的学习中，教师以一个简单的动画程序为案例，引导学生思考要想让动画中的飞机起飞、进入云端需要多长时间，在编程中应如何设计。这样在案例的引导下，师生共同探究编程问题，通过有效互动完成设计任务。

（五）小组合作学习中师生互动策略

小组合作学习是当前组织课堂的重要方式。现在的教育，不论是文化课还是选修课，教师经常采用小组合作的学习模式进行授课教学。小组合作式的学习可以使学生成为课堂的主体，教师只是学习活动的组织者与领导者，教师为学生提供答疑，学生在小组中自由地学习和发挥，小组合作学习是种高效的教学策略。但通常来讲，小组合作强调的是组员之间的互动，教师无法融入学生的讨论之中，或者融入后会对小组的互动学习结果产生负面影响。基于此，在高中信息技术课堂上，教师应深入思考小组合作学习模式在引导学生互动、师生互动过程中的作用，并优化小组构建。一方面，引导学生在组内展开合作，集思广益，实现个人力量的放大；另一方面，通过巡视、讨论等方式参与到合作之中，与学生平等互动，点拨引导各组学习过程，以成为合作学习的一部分，提高师生互动效果。

（六）在线学习中师生互动策略

随着教育信息化趋势的不断推进，学生在线学习的机会也逐渐增多，由于在线学习特殊的学习环境，学生与教师之间不能像传统课堂上的面对面交流，所以在线学习教师就要积极地引导学生提出问题，表达自己的想法，要在课堂上实施师生互动。而如何实现有效的师生互动，则是保证在线教学效率的关键。在信息技术在线课堂指导中，教师应深刻认识到师生互动中存在的问题，并采用多种方法吸引学生关注，引导学生参与互动，如语音连麦、视频连线等进行实时互动，利用社交媒体组织小组讨论，通过发送弹幕、发言、留言等进行实时反馈等等，这样才能引导学生主动参与在线学习，提高师生互动效果。

总之，在新课程改革背景下，根据学生信息技术学科核心素养发展要求，加强课堂教学中的师生互动是十分必要的。在课堂设计中，教师一方面要深入认识到当前师生互动存在的弊端；另一方面要结合不同教学方式，调整师生互动方案，找准互动的切入点，优化互动方式，提高师生互动效率，促进信息技术课程改革。

第七章 高中信息技术教学能力的培养

第一节 高中信息技术教学中信息意识的培养

一、信息技术课中存在问题概述

信息技术教学内容陈旧。信息技术的快速发展与普及应用，使得计算机行业成了发展最快的行业之一，但是浏览高中信息技术教材，可发现教学内容比较陈旧，有些知识比较落后，有些观点老化，无法与当前信息技术的快速发展相匹配，更不能真正满足学生对信息技术的应用要求，从而造成高中生所学习的信息技术无法应用到实际生活中。高中生即使掌握了教材中讲授的信息技术的内容，也不能有效解决他们遇到的实际问题。如果这样的教学内容问题不能有效地得到解决，学生的信息意识的培养就会遇到很大困难。

忽视学生实践能力的培养。学生学习信息技术的目的就是为了在生活当中实际应用，有效解决他们遇到的信息技术问题。但是，学生学习了很多理论性的信息技术知识，这些知识理论性强，应用性比较弱。即使学生学习了相关的电脑操作系统的知识，学习了办公软件等实际生活中能用到的知识，由于老师重视理论知识的掌握，而忽视实际应用能力的培养，学生无法有效地在生活中熟练地应用。比如，无法维修好操作系统损坏的电脑，无法独自完成文档的设计与制作等实际生活中经常遇见的问题。学生所学习的信息技术知识无法熟练应用到实际生活中，学生实践能力的缺失造成学生学习意识的下降，信息意识的培养就会遇到困难。

无法有效激发学生的学习热情。信息技术课程中的理论知识比较多，学生在学习过理论知识后，就是根据所学习的理论知识做相关的练习，这样的教学模式比较枯燥。这就使学生失去了学习信息技术课的热情，再加上高中生的理解能力和对信息技术的接受能力有限，他们在学习的过程中会遇到一些困难与问题，导致他们学习时比较吃力，进而影响了学生学习信息技术课的热情。学生失去了学习的兴趣与积极性，就不会投入过多的精力和时间去学习和钻研，只会采取应付式的态度进行学习，这就在一定程度上给学生信息意识的培养造成了阻碍。

二、信息意识培养的策略例谈

应用教材内容培养信息意识。高中学生对电脑、智能手机等电子设备比较感兴趣，但是他们经常用这些电子设备来玩游戏、看视频、看小说等。学生从中获取的这些信息没有很高的含金量，而且对于高中生的学习来说并无益处，只会浪费他们宝贵的学习时间。因此，要想培养学生良好的信息意识，就需要从根本上提升学生的信息素养，让他们真正地认识到获取有效信息对自己的学习和未来发展的重要性。学生认识到了信息的重要性，认识到了所获取的信息对自己的价值，他们就会主动去学习信息技术知识，就不会利用智能手机去干一些无聊的事情。

培养学生的信息道德素养。互联网的快速发展使得人们的生活更加便利，给人们带来了更多的方便的同时，也给人们带来了更多的负面影响，因此如果互联网应用不当，就会给人们带来经济、名誉等方面的损失。作为新时代的高中生，作为未来信息技术的主要应用者与开发者，就需要在高中的信息技术课堂教学中，培养和提升他们的信息道德素养。高中生只有在应用信息的时候，能够注意到信息的两面性，才能主动做到趋利避害，才不会用信息去伤害别人，才不会去浏览那些对他们有害的信息。互联网上充斥着各种各样的信息，有有益的信息，也有有害的信息，一些高中生如果不具备辨别有害和有益信息的能力，不会主动规避有害信息，就可能会对学生本人造成伤害，严重的会改变他们的"三观"，使他们的政治认同感出现问题。基于此，高中信息课教学中要培养学生科学正确地应用信息意识的素养。

结合生活实践提升信息应用能力。提升高中生的信息意识，就是要提升他们的信息应用能力。这就要求学生具备信息认知能力、信息分析能力、综合信息能力等。中国的经济和社会发展很快，信息技术的普及与快速发展给人们的生活带来了极大的便利，让学生在生活中应用信息，不但可以提高学生的信息应用意识，而且可以培养高中生的信息实践能力，进而促进学生在实践中不断深入了解信息，体会到信息正确应用的益处。

提升学生的应用实践能力。学生学习信息技术就是为了在生活中进行应用，就是为了便利学生的生活，如果学生学习了信息技术后感到信息技术没有什么用，他们就不会积极参与到信息技术课的教学过程中。这就要求信息技术老师根据学生的实际，结合所学习的具体的信息技术内容，强化学生在生活实践中有效应用信息技术。要提高学生的信息技术的实践能力，首先要让学生对信息技术课产生兴趣，只有提升了参与的积极性，才能促进他们更好地学习和应用信息技术。因此，在讲解信息技术知识的时候，要把理论知识和生活实践结合起来进行讲解，让学生能够真实地感受到信息技术在生活中的用处。

总之，高中生学习信息技术课的目的就是为了应用，就是为了解决生活中遇到的相关问题。学生只有从应用中体会到了成功的乐趣，才愿意去学习和探究，也才能有效培养和提升高中生的信息意识。

第二节　高中信息技术教学中创新能力的培养

在高中信息技术教学中，教师要充分发挥该课程的独特优势，为培养学生创新能力提供良好的平台，让学生能够运用创造性的方法解决学科学习中的实际问题。而且在高中信息技术教学中，教师还要深层次地挖掘学生的创新潜能，引导学生进行自主学习与合作探究，并为学生提供一系列的实践操作机会，让学生的创新能力得到更好的提升。本节主要对高中信息技术教学中学生创新能力的培养进行探讨。

一、高中信息技术课程的特征

信息技术课程是高中阶段的一个重要课程，其在丰富学生信息技术知识及实践技能方面有着非常显著的作用。高中信息技术课程的特征，主要体现在以下三个方面：一是内容更新换代速度快。计算机软件和硬件会随着时代的发展而迅速更新，诸多不适应时代的软硬件会被淘汰下来。在这样的情况下，要跟上信息技术课程的时代性特征，就必须对高中信息技术课程内容进行持续更新，以便跟上时代发展的步伐，让学生能够在实际学习中始终接触到最新的知识与方法。二是实践性强。高中信息技术课程教学的核心目的在于培养学生的信息素养及实践能力，要求教师在教学过程中要更多地设置上机实践操作的内容，教会学生信息获取、加工、管理、利用等方法，促进学生巧妙运用信息技术知识方法，解决学习生活中的系列问题。三是动态开放性。信息技术课程具备动态性和开放性特征，能够不断开阔学生的眼界，满足学生创造性和多样性的学习需求，让他们在一个广阔的学习空间中用好信息技术手段，满足自身发展的需要。正是这些特性，使信息技术课程在培养学生创新能力方面有着独特的优势。因此，有效发挥这些优势，着重培养和提升学生的创新能力，已经成为当务之急。

二、高中信息技术教学中培养学生创新能力的有效策略

（一）提取趣味内容，激发学生创新热情

毋庸置疑，兴趣是高中生投入学科学习活动的内在力量之源，学生对信息技术课程或者是课程中的某个知识点产生浓厚兴趣，就会主动投入听课活动中，加强对所学内容的探究，最终达到理想的学习效果。当然，学生也会在趣味性学习内容的驱使下，产生强烈的创新热情。高中信息技术课程本身就具备新颖性与创新性的特征，教师借助多样化的信息技术手段，能将知识形象地展现在学生面前。这就要求教师要对教材中的趣味要素进行提取，然后利用这些生动有趣的内容吸引学生的注意力，在激活学生兴趣的同时激发他们的创新热情。例如，教学"演示文稿的制作"时，为了让学生发现信息技术课程学习中的趣味性内容，增强学生的创新热情，教师可以借助 Power-Point 软件制作并展示精美的圣诞快乐电子贺卡。优美动听的"Merry Christmas"音乐，再搭配上精美绝伦的画面，能使学生在开始阶段就被这些内容所吸引，迫不及待地想了解如何才能制作出这样的作品。这样，就让学生对接下来的学习产生浓厚的兴趣，迅速融入积极而富有创造性的学习情境中。有了这样的铺垫，学生会在创新热情的驱使下积极创造。

（二）打破思维限制，培养学生的创新想象力

想象力是创新能力的组成部分，要有效培养学生的创新能力，就需要教师从培养学生的想象力着手。人只有持续不断地想象，才能描绘出虚拟的事物，最终把虚拟变成现实，促进创造的实现。当前的信息网络体系中包含着诸多的网络资源，可以进行虚拟事物的模拟，这些均能够有效提升学生的想象力，促进学生创新能力的发展。在信息技术教学中，教师要积极打破学生的固定化思维，为学生提供想象的空间，提升学生的思维活跃度，进而推动其创新成果的萌芽。例如，在教学"艺术字编辑"时，教师可要求学生将自己的名字用不同的艺术字字体进行编辑，呈现多样化的效果，再通过多种设计之后选出自己最满意的设计成果，并与同学进行沟通交流，说说自己设计的艺术性和独特性。这样的教学方法，不仅可以让学生迅速掌握艺术字编辑技术，还可以提升学生的创新思维与设计能力。因此，学生要设计出高质量的艺术字作品，就要突破教材既定内容的限制，积极发挥自己的想象力，联系已有的生活经验，让最终的作品更具吸引力。

（三）巧妙设置疑问，启迪学生创新思考

在高中信息技术教学中，教师一定要循序渐进地培养学生的创新能力，并且要找到创新能力发展的突破口。创新思考是学生创新能力形成的必经之路，而要让学生有主动

思考的积极性，就必须要设置疑问，让学生的创新从怀疑开始。正是因为牛顿对苹果为什么总是落在地上充满疑问和不解，才促使他对自然规律进行持续探索，之后发现万有引力。学生在信息技术学习中更是如此，要发展创新能力，就要善于质疑，并在提出疑问之后积极思考和解决问题，进而提高创新思维能力。例如，在教学"Photoshop 的图像合成"时，主要是教授学生在一张图片中截取某个部分，与另外的背景合成起来。在课堂教学中，教师可以先向学生提出一个问题：怎样从一张图片中抠取一部分的图像？这个问题会让学生产生质疑，并积极思考探究，最终获得几种不同的方法。比如，有的学生指出抠颜色反差大、边缘明显的图像时可利用套索功能，有的学生建议运用魔术棒功能。正是因为有了疑问，学生才会创新思考，并提出自己的创造性见解，为进一步解决问题和完成创造性学习任务打下坚实的基础。

（四）提供实践机会，发展学生的创新能力

创新最终要体现在实践中，而创新的最终目的也就是服务于生活，为生活提供极大的便利。所以，在信息技术教学中，教师要培养学生的创新能力，就要把实践作为主要途径，为学生搭建综合实践的平台，让学生的创新能力在一系列的实践活动中得到更好的锻炼与塑造。实践是检验真理的唯一标准，学生可以在实践中检验自己创新思维的正确性，也可以发现自身在创新思维发展上存在的不足，使自主学习能力得到更好的发展。在培养学生实践创新能力时，教师可以灵活引入任务驱动教学法，就是教师给学生安排特定任务，要求学生借助多样化的学习资源展开自主探究与合作学习，然后去完成实践任务，并通过师生评价的方式达到综合目标。教师在任务设计方面要把握好难度，充分考虑学生的能力水平，并适当增加任务的挑战性和综合性，提高学生创新能力的锻炼效果。例如，要求学生以家乡名人—孙中山为主题制作多媒体作品时，教师先为学生提供配套光盘中的一些范例作品，并给予学生一定的素材与半成品，让学生在实践探究中通过借鉴学习，顺利完成家乡名人主题的多媒体作品。在各个小组完成任务之后，教师可以让学生进行交流，互相点评各自的作品。最后，教师在评价过程中要指出学生的多媒体作品的优缺点，让学生在交流和自主探究中体验到创造的乐趣，进而提高学生的创新能力。

总之，在信息化时代，利用信息技术教学培养学生的信息素养已经成为时代发展的要求。这就要求信息技术教师要将教学的重点放在培养学生的创新能力方面，通过提取趣味内容、打破思维限制、巧妙设置疑问、提供实践机会等策略，为国家培养更多富有创新精神的信息技术人才。

第三节　高中信息技术教学中人文素养的培养

现代教育事业要求实现学生的全面发展，也就是说，在开展教育活动的过程中，除了使学生掌握各个学科所表现出的基本技能与工具价值，同时也要培养学生的人文精神，凸显现代教育事业的文化价值，在一系列教学活动中，提高学生的技术水平和知识水平，强化学生的科学精神和人文精神。高中信息技术教育是高中阶段的重要学习内容，虽然其是一门技术性学科，但仍然承担着重要的人文素养培养任务，通过在高中信息技术教学中培养学生的人文素养，使这门学科能够同时兼顾学生能力与精神的培养，推动学生的全面发展。

一、高中信息技术教学中培养学生人文素养的重要意义

信息技术教育是教育事业改革与社会时代变革相融合的重要尝试，在现代化教育中体现时代精神，突出具有现实意义的知识理论与技能，帮助学生建立起社会发展所需要的知识技能体系，是当前教育事业的重要组成部分。在传统的信息技术教学中，许多教师及学校将信息技术当作了一门纯技术性的学科，忽视了信息技术教学过程中学生人文素养和精神的培养，导致学生在学习的过程中出现综合能力和综合素养发展不均衡的现象。

人文素养培养的具体内涵可以分为不同的层次。首先人文知识的系统化学习为人文素养和人文精神的培养打下了坚实的基础。在这一层次的教学中，教师主要通过对学生进行信息伦理教育，并与优秀民族文化和传统美德相结合，丰富信息技术教育的精神内涵，让学生在接触信息技术教育的初始阶段，树立起正确的道德观念和价值理念，指导学生日后的具体信息技术学习和应用行为，使学生充分认识到信息技术领域的真善美和一系列道德规范。其次是思维逻辑层面上的培养。这一阶段的教学中，不仅要使学生通过学习信息技术教育，掌握一系列的道德规范和法律法规，树立学生良好的价值观，还要使学生更进一步地建立起严谨、科学的逻辑思维与行为方式，推动学生综合能力的提升。最后是学生人文素养和人文能力的培养。这一层面的培养，是希望学生能够正确地掌握信息技术知识与能力，将课堂上学习的理论知识。内化为自身的发展动力。

高中信息技术教学中人文精神的培养具有自身独特而鲜明的特征，是现代教育事业与时代精神相结合的重要体现。人文精神与人文素养诞生于人类一系列的社会实践活动

中，关于人文精神与人文素养培养的最终目的也适用于指导人类的社会实践活动，在这一相互作用的过程中，逐渐建立起了完善的人文精神发展体系，这也使人文素养具有了实践的性质，不同社会发展阶段的人文素养有着不同的精神内涵。在当前阶段，科学技术的快速发展作用于人文精神的发展，使人文精神和人文素养的培养充满自由、创新、开放的时代性。

二、高中信息技术教学中培养学生人文素养的具体措施

（一）优化信息技术教学硬件设施

开展信息技术教育需要有专门的教室和教学设备，硬件设备的升级、更新、优化与补充是保障高中信息技术教学活动有效开展的基本条件，进一步优化信息技术教学硬件设备，是提高高中信息技术教学质量的重要途径。同时，为了保障信息技术教学设备功能，要进一步强化学生的责任意识，将学生的担当精神作为高中信息技术教育中人文素养培养的重要内容。学校要进一步优化微机教室的授课环境，提供充足的计算机学习设备，使学生在信息技术的学习过程中感受到学校对信息技术教学的重视，使学生在学习过程中主动爱护学习工具，遵守机房的规章制度与管理条例，共同营造良好的机房学习环境，从而培养学生的自觉意识与责任意识。

（二）提高信息技术学科整合度

信息技术已经成为当前社会所需人才的基础技能之一，具有较强的实用性和适应性。然而传统教学模式下高中信息技术教学课堂，只是使学生掌握了基本的操作程序与步骤，学生只能在教师的指导下或者遵循固定的步骤拆解进行操作，缺少独自操作与创新性的尝试，这种模式下的信息技术技能缺少必要的实用性，同时不利于学生创新精神与创新能力的培养。因此，高中信息技术教学中培养学生的人文素养，要为学生提供充足的机会与空间，引导学生不要被学科的分类所束缚，提高信息技术的学科整合度，鼓励学生独立应用信息技术，通过应用信息技术完成多方面的工作与实践活动，提高学生的实践能力、创造能力。

在信息技术教学活动中，教师可以以信息技术为支撑，制作其他学科的辅助教学资料，组织学生利用信息技术对其他学科的知识进行分析与讨论。如对高中语文《中国建筑的特征》进行分析，高中信息技术教学中学生初步掌握 PPT、Excel、Word 等基础电脑工具的使用，通过在互联网上收集关于中国建筑的种类、特点等有关信息资料，并利用这些资料进行课间的制作，让学生通过这种基础性的尝试，检验自身的技能水平；同时学生可以通过个性化的课件制作，感受到信息技术的趣味和现代信息技术的便捷，在

培养学生实践能力、创造能力的同时，还能够进一步培养学生个性化的审美和对信息技术学习的兴趣。

（三）丰富信息技术教学素材

信息技术是一门内容丰富的学科，课堂的授课时间和教授内容毕竟是有限的，只有使学生充分热爱这门学科，激发学生的学习兴趣，使学生主动进行信息技术的自主学习，才能够进一步提高信息技术的教学效率。这就要求在高中信息技术教学活动中，进一步丰富信息技术教学素材，教师在上课时以教材为基础进行教学内容的展开，但同时课堂教学内容不能与教材内容完全重复，为学生留下充足的自学空间。通过丰富的教材内容，在理论知识与技能学习的过程中渗透、穿插人文教育，使学生在自主学习的过程中，潜移默化地树立起正确的人生观、价值观和世界观。

（四）进行个性化教学设计

传统教学模式下的高中信息技术教学往往采用"一刀切""一锅端"的教学方法，一部分学生难以跟上学习进度，要改善这种问题，就需要进行个性化教学设计，在教学活动开展中，尊重学生作为学习主体的地位，根据不同学生的学习能力、基础、性格等具体情况的不同，制订个性化的培养方案。通过具有针对性的任务设置引导学生在自主学习、合作交流的过程中，融入班集体，跟上"大部队"，在学生群体中形成良好的互帮互助、共同促进的氛围。相比语文、数学、英语等其他学科，信息技术学科从开始学习就具有较强的实践性，学生对信息技术知识与技能的掌握只有通过长时间的实践操作。因此，教师在实际教学过程中，可以为不同水平的学生设计不同难度的任务，并且鼓励每个层次的学生通过合作探究与交流解决学习中的问题，增强学生的合作探究素养和团队精神。

（五）拓展信息技术教学边界

自主探究的创新、创造精神是当今社会发展和时代变革为人文精神所赋予的新内涵，也是学生能力培养的重点部分。在信息技术教学活动中，教师要充分发挥该学科的自由与便利性，鼓励学生在课外时间利用课堂学习的知识与技能进行自主探究，为学生设置一定的任务与目标，但不限制具体的路径，让学生自由发挥，巧妙运用课堂知识解决问题，为学生提供更多自主展示的机会，鼓励学生参加正式的信息技术技能与创意比赛，增强学生的自主探究和创新能力。

信息技术的快速发展推动着教育事业的变革，同时也带动社会发展方式的改变，这就意味着信息技术在人才培养过程中占有越来越重要的地位，信息技术快速发展的大环境，使高中生必须掌握基础的信息技术知识与技能。同时，当今社会发展需要的是全面发展的综合性人才，单纯的理论知识和技能并不能保证学生的竞争力，还要在信息技术教育中融入人文素养与人文精神的培养，使学生在学习信息技术的过程中，提高自身的道德品质，建立严谨的逻辑思维，树立远大的人生目标，提高自身创新能力，成为全面发展的综合性人才。

第四节　高中信息技术教学中对学生兴趣的培养

兴趣是做任何事情的动力，学生只有对学习产生了兴趣，才不会排斥学习，并积极主动地思考问题、探索问题，并解决问题，在学习中感受到快乐。学生在学习的过程中只有保持浓厚的兴趣，才会感到身心愉悦，全身心地投入学习活动中，充分展现出自己的才智，从而充分激发出自身的潜力。对此，高中信息技术教师在教学的过程中，应注重学生学习兴趣的培养，采用多种教学方法，激发学生的学习兴趣。只有这样，才能让学生真正爱上信息技术课，并真正有所收获。

一、在备课过程中，设计好教学环节的兴趣点

在备课阶段，信息技术教师在处理学习材料和内容时通常是从简单到难慢慢深入，同时要对有效刺激学生的学习兴趣进行考虑，让学生的思维始终保持活跃，逐渐提高其学习兴趣。此外，教师还要增强教学环节的趣味性，借助多样化的教学手段有效保持学生的兴趣。其中，在把学习内容呈现在学生面前之前，教师要想方设法为学生创设趣味性的情境，以此吸引学生的注意力，再由此情境转变到课本中呈现的情境，同时运用图片和实物等形象生动且真实的画面及优美动听的音乐和语言，使学生的想象力变得丰富，对学生的兴趣和求知欲予以刺激，增强学生的记忆效果，从而显著提高教学效率，达到教学目的。例如，"文本信息的加工与表达"一课的知识是所有学生都应该掌握的。在讲解前，教师可以提前把一些制作好的优秀电子报刊和精美的贺卡准备好，在课堂教学中展示在学生面前，这样便能激起学生的好奇心与求知欲。这时，教师应因势利导，带领学生进入到本课知识的学习之中，让学生自然而然地掌握相关知识。

二、创设问题情境，调动学生学习的积极性

在新课程标准中明确提出教学活动要秉承以人为中心的教学思想，对学生的主体地位予以尊重，使学生的主观能动意识得到培养，让学生主动构建知识获取渠道，激发学

生学习的积极性、主动性，实现学习效率的最佳化。学生由于基础知识和思维方式都有所不同，思考问题的方向和层次有所不同，其中有很多价值方面的问题，教师可以把这些问题视为多个任务，多元化的问题使课堂内容教学内容更为丰富，让课堂更为形象生动，只有逐步攻破一个个难点，才能充分掌握到相关知识。例如，在教学"信息获取"时，为了让学生对学习目的有更加明确的认识，教师应引导学生迅速参与到教学活动之中。教师在进行教学时可以设置问题思考环节，创设问题情境，逐次引导。首先，教师可以向学生提问："我们为什么要主动获取信息？"以此对学习目标予以明确；然后问学生："我们为什么要利用数据库查找信息？"接着再问："在获取信息的过程中网络和多媒体充当着什么角色？"最后问学生："信息评价的积极意义有哪些？"问题既对教学思路予以了明确，为学生指明了思考的方向，同时也把学生的疑问和心声反映了出来，让教学活动基于生活实例，有机结合课堂理论知识和生活实践，帮助学生把完整的知识体系建立起来，促进学生的深入思考，让学生将信息技术在生活中的意义和价值充分认识，使学生参与教学活动的积极性和热情得到充分激发。

三、感悟交流，培养和提高全班学生的学习兴趣

在大力推广素质理念的今天，民主和谐的师生关系及生生关系的建立具有十分重大的意义。这有助于教和学双赢、教学相长及教学目标的顺利实现。为了使学生得到有效培养和强化，教师应经常性地、有计划地开展教学活动，将学生主动思考的兴致激发出来。在点评环节，教师要对学生对本节课知识学习的心得予以总结，同时让他们充分认识自己学习方法上的问题。以"表格信息的加工与表达"为例，在课堂交流环节，部分学生可以把正确选择图表类型、图标数据源的方法以及借助 Excel 图表向导建立统计图的技巧分享给同学，同时在进行交流的时候，学生可以分析"高一级创建文明班集体评比得分统计表"的有关数据，对主观见解进行合理阐述。学生利用电子表格工具感受到绘制的优点，同时增强了自信心，自然学习兴趣也会大幅提升。

四、适时评价，维持兴趣

学生在学习的过程中获得成功，心情就会比较愉悦。成就感使得学生积极性更高，学习更有耐心，进而也会对学习产生浓厚的兴趣。苏联教育家苏赫姆林斯基曾说过："成功的快乐是一种巨大的情绪力量，它能够让产生认真学习的愿望。请你注意不管怎样都不要让这种内在力量消失。"教师对学生的评价有助于学生的发展，有助于学生更好地树立学习信息技术的信心，有助于提高学生学习信息技术的兴趣。所以，教师在评价学

生的时候应运用激励性语言，多给予学生鼓励、表扬、赞赏、信任、理解、尊重和宽容，激发出学生"学习成功"的情绪，让其体验到其中的快乐，使"乐学"的心态形成，这样他们就会更加积极主动地参与学习。例如，教师在对学生的作品进行评价的时候，可以采用教师点评、生生互评及学生自评的多元化的评价方式，对每一位学生个体差异予以尊重，要用发展的眼光看待学生，重视评价电子档案袋，借助评价让学生更好地认识自我，提振学生学习信息技术的自信心。

总之，高中信息技术教师要在高中信息技术教学过程中对学生的兴趣予以培养，加大教学研究力度，积极探究多种教学方法，灵活运用多元化的教学手段，把属于自己的教学风格创建起来，使学生的兴趣得到有效提高，从而提高教学效率。

第五节　高中信息技术教学中元认知能力的培养

元认知能力是个体对认知活动的自我意识和自我调节，它在学生的认知活动中起着重要作用。学生智力的发展、认知活动的水平，在很大程度上依赖于元认知能力的发展水平。所以，元认知能力是学习策略的一个重要组成部分。同时，元认知能力的培养又是信息技术中自主学习的动力。基于此，当前对高中信息技术教学中学生元认知能力的培养策略进行探讨具有重要意义。

一、渗透元认知理论于教学中，系统地传授元认知学习策略

高中学生有一定的元认知能力，但由于年龄所限，他们不可能完全自觉地发挥元认知的作用，而必须在教师不断培养和指导下，才能提高元认知水平，并逐步学会、发挥元认知在信息技术学习中的作用。要应用元认知理论对学生进行学法指导，就要求学生掌握一定的元认知理论知识。学生要会学习，真正成为学习的主人，一个重要的标志就是具有丰富的学习策略。教师在进行课堂教学时，除了要对学生进行具体教学内容的传授，还应该将元认知知识的内容教给学生，以帮助学生在学习中进行自我判断和分析。当学生从教师那里学到了元认知知识后，他就可以判断自己的解决任务能力是强还是弱；自己的认知能力如何，有什么特点等。同时，学生拿到教材或学习内容后，就会自觉地对学习任务的性质、目标、要求、内容和重难点等进行关注，并对其难度进行估计。更为重要的是，当学生从教师那里学到了关于学习策略方面的知识后，在面对具体的问题时，学生就能采用相应的策略和方法去处理问题。因此，笔者认为元认知知识的培养应

该培养学生的几点意识：①清晰了解任务的意识性，要求学生准确、全面把握学习任务，明确任务的性质、特点要求以及要达到的程度。②掌握学习材料特点的意识性，每种学习材料都有自己的特点，应培养学生认真分析每种学习材料的性质、结构、难度、主次，以便能合理分配学习的时间和注意力。③使用策略的意识性。不同学习内容、不同学习要求需要采用不同的学习策略，在解决任务之前，要有意识地选择并运用有效学习策略。

二、引导学生学会反思，激发学生元认知体验

反思是进行自我监控学习的重要形式，通过反思后的总结提高可以激发学生元认知体验，使学生的元认知能力不断得到完善，并逐步成为一种良好的学习习惯。在信息技术教学中发展学生的元认知，不但要求学生知道做了什么，而且要求在学习过程中，不断地自我提醒、自我监控，以培养其反思能力。

在培养元认知的信息技术课程教学中，我们强调积极调动学生质疑和反思的积极性，为他们创造灵活的授课和学习环境。利用技术解决问题的方式方法很多，学生应该在充满探索的思想中发掘自己的信息潜能，对教师的方法、同伴的方法和自己采用的方法多思考、多尝试。信息技术课堂中所要完成的任务涉及有关信息获取、评价、组织与应用的各个环节。因此，在实际操作中很难在短时间内完成一个具体、完整的任务，难以使学生获得由完成任务所获得的认知体验。在这种情况下，可以将任务进一步细化，成为许多具体的小步骤，将每一个小步骤作为一个教学单元，让学生在这类单元中获得及时的信息反馈与认知体验。如在文字和图表处理一节中，利用 Word 制作运动会板报，可以具体划分为：插入板报内容（文字）、设计标题、设计板报底纹、收集图片进行插入以及设计边框等小单元。当学生开始完成一个单元时，教师应帮助他们树立解决问题的信心。在完成任务的过程中，应激发学生对教学内容的思考与反思，如"这个任务对我来说很简单""我能胜任此项任务""我还需要掌握什么知识才能解决问题"等。诸如此类的元认知体验很有利于将学生的认知知识与认知技能相联系，促进学生形成新的认知技能。引导学生反思还可以通过撰写信息技术学习的"反思型日记"来进行，要求同学通过写日记的形式（可通过博客或 QQ 日志等方式）对学习计划、学习到的知识、学习中的体验以及自己所做出的评价的自我反思。日志内容可以包括对一节课的总结（如今天我学到的主要及重要内容有哪些，在这些内容中我学会了什么）、对课程学习中疑难问题的叙述（如还有哪些问题是我无法理解的）和解决设想、对教师的建设等。通过记日记可以帮助学生反思学习过程中的得失，在丰富学生对学习过程体验的同时，提高学生的反思能力，增强对学习过程的主动控制能力。

三、注重多元评价，引导学生加强自我评价

评价是教学过程中不可缺少的一个基本环节，由于它对学习活动具有反馈、调控、改进等功能。因此，对学习活动进行科学评价是培养元认知能力的必要手段。教师的评价必不可少，学生可以根据老师的评价来调整自己的学习活动。教师评价是一种手段，落脚点是促进学生的自我评价。想要形成元认知能力，必须关注学生对自己的学习方法、过程、结果等能否进行正确的评价，而不仅仅停留在学会现有的知识上。在课堂教学中，应尽量创设一个师生之间、学生之间良好互动的环境，使每一个学生都可以评价他人，也可以被他人评价。形成一种表达、演示和练习元认知策略的学习环境。

在信息技术课堂中，教师可以尝试开展多元化评价活动，即给予学生展示作品、相互对比、取长补短的机会，使学生在评价过程中找到自己的不足、发现完成任务过程中的缺陷与优势，为以后的学习打好基础。在以反思为主的评价活动中，教师应注意疏导与监督，要培养学生客观、中肯的态度。比如，在使用 Power Point 制作一个关于自然灾害的演示文稿时，老师可以从背景图片的选择、内容图片的引入、图片文字的说明、动画的设置，以及超链接的使用等方面展开多元评价。另外，在教学中要求学生对他人的回答不能简单地以"对"或"错"作为评价结果，而应注重其思考问题的过程和解决任务的思路是否正确，对"错"的回答，要指出错在哪一点上，是什么原因造成的，当他人提出更佳的方法时，反省自己的思路哪里出了问题，以后应如何避免等。

总的来说，在课堂教学中培养学生元认知能力的方法有很多，本节主要从信息技术课程和高中生这一年龄阶段独有的特点进行分析，在对学生元认知能力的培养这一过程中，教师只是起一个引导和指导的作用，学生本身的意识和努力才起主要作用。以元认知理论为依据，转变教学思想，注重提高学生条件性知识水平是元认知与课堂教学相结合的关键。充分调动学生对元认知学习策略的兴趣，学生的元认知能力才能真正发展起来。

第六节　高中信息技术自主学习能力的培养

高中信息技术教育是推进素质教育的重要一环，对提高学生的信息技术素养和自主学习能力具有重要作用。提升学生信息技术素养，重点在于教师对信息技术教学资源的开发与利用。本节结合教学实践，从信息技术教学资源及其特征、建设丰富的信息技术

教学资源库、信息技术教学资源的利用出发，对高中信息技术教学进行论述；高中信息技术的教学目标是培养学生信息技术的兴趣，增强信息意识和应用信息技术的能力，提高学生的信息素养。为了更好地完成教学目标，老师在课堂上的讲授尤为重要，但是更重要的是培养学生的自主学习能力。如何培养学生的自主学习能力？首先就是必须打破传统课堂中枯燥、乏味的教学模式，进而为学生创设自主学习信息技术的情境，使学生在自主学习的过程中发现学习信息技术的乐趣，激发学生的求知欲，提高学生学习的主动性和积极性。

一、高中信息技术教学资源的开发与利用

（一）信息技术教学的特征及资源

在平时的高中信息技术教学中，老师要为学生提供丰富的教学资源，只有丰富的信息技术教学资源，才能使学生更加有效地学习。由于现在社会处于高速发展的信息时代，教学资源的内容、数量与质量的储存、传递与提取的方式都发生了很大的变化。对于信息技术来说更是如此，由于学习资源具有多样化和交互性的特点，所以为学生的学习和发展提供了更加有力的保障。而当前的信息技术的教育已经发生了非常大的变化，在非常有限的时间里让学生学到更多的知识是现代发展对青少年学生提出的重要要求，其中教学资源对学生的学习起着至关重要的作用。高中信息技术教学资源的选取应具有如下特征：①要符合信息技术的数字化要求。就是从文本图形、图像、声音、动画、视频等模拟信号转换成数字信号，再通过数字信号来完成纠错与分析。②存储云盘化。现代的信息资源应具有一定的云盘存储量，而且要有很强的动态性。③广泛应用多媒体技术。在信息技术教学过程中，教师需要通过多媒体拥有的图像、声音、文本、动画等特点，进行信息技术教学。④传输网络化。教师在平时的教学过程中可以通过计算机网络获取需要的信息技术教学资源。⑤教学过程智能化。高中信息技术教学资源必须要有利于智慧课堂的构建，才能更加有效地发挥学生的主体作用。教师在教学过程中可以依靠软件完成对信息资源的数据采集、分析、实时监控等，以便提高信息技术教学质量和教学效率。

（二）建立更加丰富的信息教学资源库

如何提高信息技术教学成效，满足学生的学习需求？就要建立丰富的教学资源库。而建立丰富的教学资源库，需要做好以下几方面的工作：①搜集素材。高中信息技术具有丰富的教学资源，老师可以根据教学的内容选择相对应的文本、图像、音频等资源，从而建设丰富的教学资源库，让学生自己选择更加有用的资源进行学习。素材搜集和整

理能够更好地为教学服务，有效地帮助学生简单且直观地理解信息技术理论知识，提高学生的实践能力，促进学生信息技术素养的提升。②资源集成。为了有效地对资源进行利用，教师还需要完成对资源的集成，将其制作成课件。老师可以根据教学内容的需要，针对信息技术教学资源进行一系列的整理和裁剪，可以将有用的教学资源制作成教学课件，这样就可以在课堂教学的时候进行展示，以便提高信息技术教学资源的利用率和针对性，充分发挥其应有的作用。③资源共享。老师可以将教学资源进行整合，形成完整的信息技术资料，上传到网络进行共享。这样的话既有利于丰富信息技术教学资源，又能让学生根据教师整合的信息技术资源进行更加有效的学习。因为资源共享的前提是为全体学习者服务，所以从教学的角度来看，信息技术教学资源能被大家共享才是真正目的，才能充分发挥网络信息技术教学资源的作用。而且资源共享能更加有效地提高信息技术资源的利用效率，营造不一样的信息技术课堂氛围，高效实现信息技术教学。

（三）如何利用信息教学资源

①加强引导。在高中信息技术教学过程中，老师要对学生进行正确引导，让学生围绕教学的内容展开自主学习和探究活动，充分利用信息技术教学的资源提高自身的探究能力和自主学习能力。利用现有的教学资源来构建教学模式，更能突显学生的主体作用和教师的引导作用，体现教师新的教学理念和思考；更有利于教师组织和引导学生对信息技术进行探究与实践，增强课堂的互动效果，从而更好地提高信息技术教学效率和教学质量，提高学生的信息技术素养。②创设教学情境。教师有目的地设立或导入与学习内容相关的、生动形象的教学情境，使学生在潜移默化中进入学习状态，主动进行探究和思考，积极参与情感体验，从而更有利于准确而快速地获取知识。创设教学情境能够使知识更好地渗透到教学过程中，更加重视学生的主体意识和真实感受的形成，促使学生自然发展。老师在信息技术的教学中，必须要为学生创造出良好的学习情境，从而调动学生对学习的主动性和积极性，有效提升信息教学的成果。

有效地开发和利用信息技术教学的资源，能够更好地满足学生学习的需求，为学生学习提供更加有力的支撑。随着信息时代的到来，新的课改理念也越来越深入人心，这也给教学观念和教学方法带来了新的挑战。信息技术课程具有知识更新速度快、信息内容多而繁杂的特点，高中信息技术教师要非常注重教学资源的开发与利用，建设丰富的教学资源库，可以让学生根据自己的需要对教学资源进行选择和学习，从而提高学习资源的效率，培养学生的探究能力和自主学习的能力，更好地提高学生信息技术的素养。

二、如何利用高中信息技术的教学培养学生的自主学习能力

（一）信息技术与自主学习能力

随着新课堂标准的出炉，提出了三大学习模式，分别是自主学习、合作学习和探究学习。自主学习的模式强调明确学生的学习动机，学习的动机是自我驱使的，学习的内容是自我选择的，学习的策略是自我调节的，学习的时间是自我规划的。自主学习的能力是促进学生进行学习的社会条件和物质条件，促使学生能够有效地对自己的学习结果做出较为正确的评价和判断。

信息技术是一门具有趣味性、实践性和实用性的学科。信息技术的课堂具有提升学生自主学习能力的优势，在课堂中可以利用网络和多媒体的教学方法进行学习和教学，更加有利于老师和学生之间的互动与交流，老师能够通过交流来了解学生的知识掌握的情况，学生也可以借助这个平台与老师近距离交流，提高学习质量。在这种比较开放和自由的教学氛围下，学生可以获得丰富的学习资源和相对自由的学习空间，同时老师的教学环境也得到了非常大的优化。

（二）根据信息教学的特点以及学生特点设计教学

信息技术的教学都是在学校的多媒体室里进行的，在多媒体室里进行学习，学生更容易发挥自主学习的能力。学生可以根据老师设定的学习目标进行探索和学习，并且在不断的学习过程中，及时发现学习中遇到的问题，老师也可以根据学生的学习特点进行设计教学，在设计教学的过程中充分考虑到每一位同学的个体差异。可以进行分组学习，每个组内由自主学习能力较强的学生来担任组长，由老师设定教学任务，从而引导整体的学习方向。在小组竞争的学习方式下，每一位组员都要参与其中，这样会大大提高信息技术课堂上学生的自主学习能力。

（三）根据教学内容来进行学生自主学习培养的教学

学生的课堂自主学习能力是通过合理的、科学的教学方式及教学引导来逐渐积累而成的，假如老师一味地追求培养学生自主学习能力的形式，却忽略了学习的真正意义，那么整体的教学也是空洞的。所以，在信息技术课堂的教学中，老师应该根据教学的内容选择性地鼓励学生自主学习，通过选择性的教学内容制订合理的教学方案，为学生制定合适的学习任务，如果学生对所学的知识有所了解，那么老师就可以让学生进行自主学习，通过自主探究的方式来充分了解知识，加上老师的补充和深层次的拓展，让学生更加全面地掌握知识。如果学生对将要学的知识不了解，那么就需要老师对相关的知识

进行讲解，让学生对所学的知识进行初步的了解再进行自主学习，此时，学生自主探究的学习内容就更加深刻，只有学生对知识的特征、概念都有了了解，才能更加快速地对后续的知识进行学习。所以，学生的自主学习能力的培养需要老师根据具体的教学内容来安排制定。

（四）培养自主学习能力的课堂教学流程设计

1. 教学准备

在每一节新的课堂开始之前，老师需要布置一些与新知识相关的预习作业，课前预习能够给学生自主学习的时间，学生可以在自主探索的过程中不断提高自身的自主学习能力，老师也可以在预习的过程中鼓励学生。其实，查阅资料、探索问题、解决问题的过程就是学生提高自身自主学习能力的过程。

2. 教师提出学习目标

首先，老师提出学习目标的目的是让学生对本节课需要学习的内容提前了解，为接下来的课程学习做准备，学生在老师提出学习目标之后，为自己设定一个小的目标，老师出示的学习目标应当全面、具体，只有这样才有利于学生提升自主学习能力，并且有利于确定学习目标并自我评价和反思。

3. 互助合作、讨论交流

讨论交流包括师生讨论和学生讨论，可以通过相互之间的交流合作，让学生对自己所掌握的知识更深刻，学生的一些疑难问题也可以通过交流探讨之后，更容易地解开并掌握。学生讨论之后解决不了的问题可以咨询老师，老师可以在整理问题时进行统一讲解。在学生遇到问题的时候解决问题，可以使学习更加深刻、灵活，从而培养学生的自主学习能力。

社会信息技术与人们的生活息息相关，社会对信息技术的人才要求在不断提高。具有独立思考能力、创新能力、动手能力成为当代社会信息技术人才的要求。因此信息技术课堂上应该更加充分地培养学生的自主学习的能力，配合基础的信息教学的资源的开拓和利用，不断完善教学模式，为社会培养一代又一代专业性、自主性的全面应用型人才。

第八章 高中信息技术教学评价

第一节 高中信息技术教学评价原则

高中《信息技术新课程标准》指出，在教学过程中要以培养学生的信息素养为根本目标，锻炼学生通过信息途径观察问题、运用信息观点思考问题、利用信息手段解决问题的能力。同时，新课程标准还指出，要本着"以人为本"和"面向全体"的原则，对学生实行全面、客观、科学的评价，促进学生知识、能力和素养的协调发展。因此，我们应该加强教学评价的改革与完善，响应新课标的号召、满足新课改的需求、提高高中信息技术课堂教学的效率和质量。关于这一问题，笔者在教学改革中做了如下思考与尝试，在此与大家交流分享。

一、遵循评价原则

高中信息技术教学评价要实现客观、科学、全面的目标，同时发挥检测、激励、引导和调控的功能，就需要遵循如下评价原则：

（一）以人为本的原则

在信息技术教学评价过程中，教师首先应遵循"以人为本""立德树人"的原则，在课堂教学评价中需做到如下几点：

1. 体现学生的主体地位

学生既是被评价的对象，同时也是参与评价的主体。教师应该充分发挥学生在评价中的主体地位和中心作用，让学生参与到评价标准的拟定、评价方式的选择、评价内容的预判等课堂教学活动中来。一方面，教师可以利用评价来激发学生学习的积极性和创造力，培养学生独立思考和自主学习的能力，实现以评促学；另一方面，教师可以了解学生对评价的真实想法和具体需求，对教学评价进行改革与完善，从而实现以评促评。

2. 面向学生的整个群体

为了实现教学评价的公平性和统一性，高中信息技术教学评价应该面向学生全体，公平公正地对所有学生进行评价。针对学生的知识、能力和素质做全面评估，使学生在信息技术学习中的状况得到全面的反馈，为学生的学与教师的教提供参考与引导。

3. 尊重学生的个体差异

在面向学生全体的同时，教师还要尊重学生个体差异，充分考虑到不同学生知识基础、技术水平、学习能力、兴趣爱好等多方面的差异，制定合理的评价标准、选取适当的评价内容、采取灵活的评价方式，以满足学生的个性需求、尊重学生的个性发展。

（二）发展性的原则

高中信息技术教学评价中的发展性原则包含以下三层含义：

1. 评价的发展

教学评价是一个动态变化的过程，随着教学目标、内容和方法的变化，以及学生知识、能力和情感的变化，教学评价也需要随时进行改变，做到与时俱进。

2. 学生的发展

教学评价的根本目的是为了促进学生发展，因此，高中信息技术教学评价不应该仅仅关注学生学习结果，而应该更多地关心学生的学习过程，重视学生在学习过程中方法、态度、能力等因素的评价。

3. 教学的发展

教学评价不是一个教学周期的结束，而是新教学周期的开始。教师应该重视从以往教学评价中总结经验、吸取教训、加强反思，发挥教学评价对新学期教学的引导和调控功能，创新教学理念、加强教学实践。

二、丰富评价主体

在信息化时代背景下，信息技术对学生来说，不仅是一门课程，更是一种工具、一种能力，甚至是一种生活方式。因此，为了对学生实现全面、客观的评价，教师还应该丰富评价主体、完善评价形式。

（一）学生自评

自评是促进学生反思、强化学习成果的最佳手段。因此，教师应该鼓励学生进行自评，实现学生在教学评价中的主体地位。例如，在学习 Photoshop 处理图片素材这一课时，教师可以引导学生从观赏性、实用性、创新性等方面展开自评，让学生给自己打分，反思自己的学习状况。

（二）学生互评

学生互评不仅能够调动学生学习的积极性，也能够促使学生取长补短、见贤思齐。例如，通过开展"如何利用 Flash 制作环保宣传动画片"这一活动，教师给学生下发课堂"子任务"，让学生以小组为单位合作完成。在任务结束后，教师组织学生互评，从基础知识、操作能力、合作意识、沟通能力、环保意识等方面对小组成员进行评价，从学生的视角来观察学生、了解学生。

（三）教师评价

教师评价是最常规的教学评价方式，在新课标背景下的高中信息技术教学，教师应该转变评价理念、拓宽评价途径。除了通过试卷考查学生的学习成果，教师还要通过课堂口头及时表扬学生、借助教学辅助平台展示教学成果、为学生提交作品点赞等多种方式，对学生给予积极评价、鼓励和指导。此外，教师应注重培养学生浓厚的学习兴趣、积极的情感态度和正确高效的学习方法。例如，在学习完多媒体某小节知识点后，教师鼓励学生通过选择感兴趣的主题，利用所学知识制作与该主题相关的多媒体作品，如制作电子贺卡。教师在阅览所有学生作品后，针对每个作品书写有针对性和特色性的评语，对学生作品做出评价的同时，也给予鼓励和针对性指导。

学生的信息素养除了包括丰富的信息技术知识和熟练的信息操作能力，还包括良好的信息习惯、正确的信息态度、良好的信息道德等方面。因此，教师可以鼓励家长参与到课堂教学评价中来，这有助于教师更加全面、客观地了解每个学生的信息素养。

三、创新评价方式

从知识的累积到学生素养的形成是一个动态过程，因此，在高中信息技术教学评价中，教师应该将过程评价与结果评价两者结合起来，构建多元评价体系。在结果评价方面，我们已经有了比较丰富的经验和参考模式，针对过程评价，笔者认为下面几种评价方式具有较高的可行性和实用性。

（一）电子档案袋

教师可以在开学初为每个学生建立电子档案袋，通过文字、图片、音频、视频等多媒体手段记录学生的学习经历和成长情况，充分利用信息技术的交互功能，针对档案袋中的每项内容与学生展开交流和探讨，增强学生的自我认识，同时实现对学生的动态评价。例如，教师在高一学生入学的时候，就为每个学生建立电子档案袋，记录下学生在入学时的基础知识、家庭环境、操作能力等背景信息，在后面的课堂教学中，教师不断用学生的课后作业、课堂表现、评测成绩等资料丰富学生电子档案袋，记录学生在信息技术学习过程中成长的每一步。

（二）作品评价

教师可以针对学生完成的 Flash 动画、Excel 表格、Visual Basic 程序设计等作品进行点评和展览，不断完善每一个学生电子"作品集"，这不仅看到了学生的学习过程，同时也见证了课堂教学成果。通过"作品集"，教师可以从过程发展的角度，更加全面地去评价每个学生的成长。

（三）积分式评价法

教师可以为每个学生制定一棵电子积分"成长树"，从课堂表现、学习方法、操作技巧、信息道德、情感态度等多个方面为学生电子积分"成长树"添枝加叶，同时定期进行汇总、评价，密切关注学生个性发展与动态考核的结合。

（四）家长参评

高中信息技术教学评价应该将书面测试与上机测试结合起来，利用书面测试考查学生的基础理论知识，利用上机测试考查学生的操作能力和应用技巧，实现对学生的全面评价。例如，针对"Photoshop 图层"这部分教学内容，教师可以利用书面测试考查 Photoshop 图层的作用、图层常规的操作步骤、图像组成原理等基础知识；利用上机测试，考查学生在具体实例中的图片处理能力和具体上机实践操作。

综上所述，信息技术的发展和教学改革的深入，对高中信息技术教学提出了新的要求和挑战。因此，我们必须进一步改革与完善教学评价，发挥教学评价检测、激励、指导、调控等多方面的功效，为推动高中信息技术教学改革、促进学生信息素养的全面发展奠定基础。

第二节　高中信息技术教学评价指标体系

《普通高中信息技术课程标准（实验）》中指出，教学评价是高中信息技术教学的有机组成部分，对学生信息技术的学习具有较强的导向作用。信息技术教师应该深刻领会高中信息技术课程标准的具体要求，围绕高中信息技术课程标准规定的培养目标开展评价活动，保证课程目标的达成。通过高中信息技术教学评价的合理实施，提高教师的教学水平，促进学生的有效学习，提升学生的信息素养。

教学评价是教学实施过程中非常重要的一个环节，科学有效的教学评价指标体系，能够有效地指导教师开展信息技术教学活动，引导学生学习信息技术课程。高中信息技术教学评价指标体系的设计要以基础教育课程改革的核心理念为根本宗旨，遵循促进学生发展、促进教师成长的设计思想。通过实施科学、合理、有效的信息技术课程教学评价，提升教师专业化发展水平和学生学习信息技术的兴趣，提升学生应用信息技术解决生活问题的能力，提高学生的信息素养。

一、高中信息技术教学评价指标设计原则

教学评价指标体系在高中信息技术课程教学评价中具有重要的作用和较高的地位。我们应遵循以下几个原则来设计高中信息技术教学评价指标：

（一）目标导向性原则

教学评价指标体系是基于高中信息技术课程的教学内容和教学目标而设计的，因此教学评价指标体系应能促进高中信息技术课程教学目标的达成，发挥教学评价的诊断和导向功能。通过实施有效的教学评价，教师在教学实践过程中能够准确分析学生存在的学习困难，发现学生存在的问题并帮助学生解决问题，从而激发学生的学习动机，有效促进学生的学习。

（二）学生主体性原则

教学评价指标的设计要符合高中学生的学习特点，满足评价对象的需求。由于不同学校的学生学习基础、学习态度、学习风格、个性特征不同，不能用一个尺子来评价全体学生，因此教学评价指标的设计既要有全体学生共有的特征，还要有个别学生发展的空间，要充分考虑学生的特点，体现学生主体性的原则。

（三）动态发展性原则

基于当前高中信息技术课程理念和相关教学理念设计的教学评价指标体系不是一成不变的，随着信息技术的不断发展，信息技术课程的人才培养目标会随之改变，信息技术教学环境、学生的学习方式也会发生改变。因此，教学评价指标体系要随着上述变化进行调整和完善，以确保高中信息技术课程教学评价的及时性、客观性和科学性。

（四）体现信息技术课程特点的原则

信息技术教学评价指标要充分体现高中信息技术课程的特点。高中信息技术课程强调基于学生的真实生活设计问题，在真实的生活情境中通过体验一系列信息活动，培养学生应用信息技术解决问题的能力，培养和提升学生的创新能力。高中信息技术课程教学评价要充分关注学生学习信息技术的过程和信息素养的具体表现，促进教师对学生学习能力的引导和信息素养的培养。

二、高中信息技术教学评价指标设计的依据和方法

（一）教学评价指标的设计依据

制定高中信息技术教学评价指标前，必须明确依据什么来设计评价指标，在本研究中主要依据以下内容：

（1）普通高中信息技术课程目标。普通高中信息技术课程的总目标是提升学生的信息素养。学生的信息素养具体表现在以下方面：对信息的获取、加工、管理、表达与交流的能力；对信息及信息活动的过程、方法、结果进行评价的能力；发表观点、交流思想、开展合作与解决学习和生活中实际问题的能力；遵守相关的伦理道德与法律法规，形成与信息社会相适应的价值观和责任感。

（2）学习理论对教学评价的启示。人本主义学习理论强调教学评价要关注学生的整体素质，从不同的方面对学生进行评价。要激发学生自我评价的内驱力，充分发挥学生学习主体能动性，培养学生自我评价的激情和自我价值实现的成就感。

多元智能理论强调，要以实现学生的全面发展作为教学的最终目标，要求教师从多个维度和不同的角度来审视学生，要注重学生在学习过程中多方面的发展进步，充分挖掘学生的优势潜能，保障学生多种智能的均衡发展。

建构主义学习理论强调，对学生的评价要关注学生的信息技术学习过程，评价标准应多样化，教学评价应以自我评价为主，突出学生作为评价主体的地位；提高学生的参与度，增强学生的评价能力。

（3）海淀区信息技术教育特点及学生特点。海淀区作为首批全国中小学信息技术教育实验区，历经多年，不断积累在信息技术教学改革和实验研究中取得的成果，初步形成了具有海淀区特色的中小学信息技术教育体系。义务教育阶段的信息技术教育比较注重培养学生的信息素养，培养学生利用信息技术解决问题的能力，培养学生的创新能力。经过多年持续发展海淀区特色的信息技术教育，海淀区高中阶段的学生应用信息技术解决问题的水平相对较高。

（二）教学评价指标的设计思路和方法

本研究是以目前现有的高中信息技术教学评价指标体系为蓝本，结合海淀区的信息技术教育特点和高中信息技术课程发展的新理念要求，对其进行的修改和重新组合，重新构建高中信息技术教学评价指标体系。

首先采用目标分解法，对高中信息技术教学评价目标进行逐层分解，将评价目标分解为几个一级指标，依据本指标体系构建的依据，将这些一级指标分解为若干个二级指

标，再将二级指标分解为具体可操作的三级指标。

其次运用德尔菲法，对于初步构建的高中信息技术教学评价指标框架，向信息技术学科专家发放高中信息技术教学评价指标调查问卷。对信息技术学科领域的专家进行两轮调查，结合每一轮的调查结果进行统计分析，对指标框架进行修改和完善，最终确定高中信息技术教学评价指标体系。

三、构建高中信息技术教学评价指标

（一）初步构建高中信息技术教学评价指标

高中信息技术课程的培养目标决定了高中信息技术课程的任务是尽可能全面地提高学生的信息素养，所以构建高中信息技术课程教学评价指标体系应能比较科学、全面地反映学生通过信息技术课程的学习信息技术素养的养成和提升程度。只有这样，才能使评价真正促进学生的全面发展。

依据高中信息技术课程提升学生信息素养的总目标，基于高中信息技术课程标准和评价指标体系建立的原则，建立教学评价指标体系。本着评价侧重关注学生的努力程度和进步、评价能够促进计算思维的培养、评价能够体现学生的学习过程和学习结果的宗旨，拟定从学习状态、思维意识、学习能力、信息责任4个维度来评价高中学生的信息技术学习。初步构建的高中信息技术教学评价指标体系包括4个一级指标，10个二级指标，27个三级指标。

（二）运用德尔菲法确定高中信息技术教学评价指标

通过专家问卷调查的方式，将初步构建的高中信息技术教学评价指标以问卷的方式发放给信息技术学科专家，经过几轮问卷的专家咨询，将专家的意见进行汇总、整理并反馈给专家，作为下一轮问卷的参考。经过几轮的反复论证及对结果的统计分析，最终筛选确定高中信息技术教学评价指标。

随着《教育部关于全面深化课程改革落实立德树人根本任务的意见》的不断落实，修订版的普通高中信息技术课程标准也将颁布，高中信息技术课程将迎来新的发展机遇和挑战，针对新课程标准指导下的信息技术教学和评价，期待着有新的突破和新的思考。

第三节　高中信息技术教学中的多元评价

在实际的教育过程中我们不难发现，传统的评价方法过于重视学生的考试成绩，严重忽略了学生在信息技术学习过程中对思维和道德的培养。而多元评价方法正是为了弥补这种缺陷，从多个方面对高中信息技术的教学效果进行综合性评估，这对于学生信息素养的提升至关重要。

一、多元评价方法的相关介绍

从字面上我们就可以看出，多元评价方法的特色是"多元"，而这种"多元"主要在评价的主体、内容和方法上得以体现。评价的主体不仅包括学生个人，也涉及教师、家长。在评价的方法上，不应仅重视学生的课业成绩，因为学生有可能来自不同的学校，其间受过的信息技术教育参差不齐。所以，为了评价体系的公平性，我们应将学习过程中学生的积极性、参与性及进步幅度按一定的权重纳入评价体系中。这样可以充分激发学生在学习相关应用技术工具时的积极性，提高学生的参与感和成就感，有利于学生养成自主思考的习惯。

二、高中信息技术教学中多元评价方法的应用价值

（一）实现了对传统一元评价模式的有效革新

受传统应试教育理念的影响，教师在教学过程中考虑更多的是学生的升学率，其对于学生的综合素养和道德素质给予的重视程度不够，在考试中只追求成绩，几乎忽略了学生的个性及其所擅长的内容对学生成长的重要性。传统的教学方式以成绩为中心，让学生取得好成绩的初心与目的本没错，但一味如此会严重扼杀学生的学习兴趣与学生主观能动性的发挥。通过多元评价法的应用可以有效摆脱传统一元评价方法的缺陷和弊端，进而使评价体系更加公平、合理。

（二）与新的教学理念相符合

在新课程改革的环境背景下，我们要加强对学生的全方位、综合性培养，有效培养学生的思维能力和学习能力。在这样的培养标准之下，传统的教学和评价方法显然已经与之格格不入。为此，在对主体进行考核的过程中，我们有必要引入多元化评价体系和评价标准，在评价主体、评价方法和评价内容上给予优化与完善，从而进一步强化"以

学生为主体，以教师为主导"的教学理念，实现学生的综合性全面发展。

（三）合理地使用了学生的自主探究模式

不同的教学方法、教学模式及评价方法应该是相辅相成的。新课程改革强调学生的自主探究和解决问题能力的培养。在评价的过程中，就应该充分顾及这些方面，这样才能够保证评价重点和要点的有效均衡。从某种程度上说，这种多元评价方法也是教学模式和教学目标完善与优化后的结果。

三、高中信息技术教学中多元评价方法的应用

（一）进行合理的教学目标设定

在学习过程中，首先应该设定合理的教学目标。只有教学目标明确，我们在评价的过程中才能选择合理和正确的评价标准。例如，在学习"图像信息的加工"一课时，教师应结合学生的实际情况设定合理的教学目标。在进行图像信息的加工过程中，我们会应用到多种软件。为此，教师需要使学生对几种基本软件的功能和应用方法有一个明确的认知与了解。然后在此基础上，以图像的处理特点和功能特色为核心，有效引导学生通过多种途径对画面进行加工处理。

在教学过程中，教师要保证学生的主体地位和自身在教学过程中的主导作用。例如，在图像处理过程中，针对各个软件在各个功能上的应用特色和难易程度进行合理分析，让学生找到适合自己的处理方法，这样学生就能充分地发挥自己的主观能动性。教师的主导地位可以体现在教学过程中制定一些标准化的东西，学生的主观能动性就是在这些标准的基础上实现自己的想法。为此，在教学过程中，教师可以利用问题引导和任务驱动的方法去引导学生对相关的问题进行探索。当然，在这个过程中，受个体因素的影响，有些学生在没有学习之前就已经接触过相关的知识，那么其在学习过程中就比较游刃有余；而有些学生是第一次接触相关知识，那么其在学习过程中就会遇到障碍。为此，教师可以为学生创造有效的学习和讨论平台，鼓励学生对相关的具体做法进行积极讨论，并规定好验收成果的时间，让学生在这种活跃的交流过程中收获相关知识。

（二）建立完善的评价方法和机制

针对学生制作的图像作品，我们需要通过多种途径对其中的内容进行全面和充分的考核。首先，针对整个图像作品，我们需要在美观和色彩方面进行认真的评析；其次，针对学生的操作熟练程度及其在操作过程中出现的错误进行仔细的检查；再次，为了强化"以学生为主体"的教学目标，我们还需要对学生在小组讨论中的积极性进行检查，

针对每个人在讨论过程中的表现及与他人的互动情况进行检查；最后，自我、他人以及家长的评价。针对自我评价，要让个人说出自己对所递交的结果是否满意，并指出优缺点；针对他人的评价，主要是指源于小组讨论过程中其他成员及教师对学生个人表现满意程度的反馈；而针对家长的评价，主要是指对学生的个人生活、学习习惯及其学习态度和其在生活中对于图像信息加工处理的应用和使用频率等进行评价。

为了实现较为公平的评价效果，我们需要将每个评价内容按一定的权重计入总成绩。同时，为了防止互评时有不公平评价行为的出现，每个成果均要在隐藏学生的个人信息之后再发给各个评价人。这种评价虽然看起来比较复杂、程序比较麻烦，但是其应用性和有效性比较高，而且也与教学模式和教学目标相对应，也尽可能地保证了评价过程的公平性。

（三）对于效果进行评价

对多元评价方法的应用需要进行定期的效果检测。在多元评价分析过程中，我们可以将其分为课堂评价和期末评价两个部分。前者主要是为了对课堂的教学效果进行有效的反馈，教师能够结合相关的测评结果及时调整教学计划和教学方法，便于后期教学工作的进一步展开。后者是指对整个学期的测评。在评价过程中，教师要对评价机制的优点和缺点进行充分与全面的思考，通过多方面和多因素的考核，尽可能地照顾到学生学习和生活中的每一个关键部分，这对于教学目标和教学活动的调整是非常有针对性的。

综上所述，高中信息技术教学中多元评价方法的应用对于教学质量和教学效果的提升具有重要的意义，我们要对其给予足够的重视。为此，我们可以通过进行合理的教学目标设定，建立完善的评价方法和机制及对效果进行后评价等多种途径来优化教学方法，从而提升教学质量和教学效果。

第四节　高中信息技术教学中的学生学业成绩评价

按照《普通高中课程方案（实验）》的规定，对学生的评价应当"建立发展性评价体系"，"实行学生学业成绩与成长记录相结合的综合评价方式。学校应根据目标多元、方式多样、注重过程的评价原则，综合运用观察、交流、测验、实际操作、作品展示、自评与互评等多种形式，为学生建立综合、动态的成长记录手册，全面反映学生的成长历程。"普通高中信息技术各模块的评价，也应该这样来落实"知识和能力""过程和方法""情感态度和价值观"三维课程目标和各项具体要求。下面笔者结合自己的教学实践来探讨高中信息技术教学中学生学业成绩评价的几个板块。

一、改变评价方式，命题测试模块试题

通过试卷方式，来测试学生对已学知识及基本技能的掌握情况，当然是总评模块成绩的主要依据之一，正如高考仍然采取笔试方式一样众所周知。期末测试命题可分为基础题和综合题。基础题检测要注意结合教材的教学内容，教什么、学什么、检测什么，但又不能拘泥于教材，要着眼于检测学生学习这个模块所必须掌握的知识和能力、所必须掌握的学习方法，以及所得到的本学科先进的思想。基础检测题的结构、题型、题量、赋分等要科学、合理、规范，体现新课程的理念；题目的立意、情境和设问的角度及方式必须科学、可信、新颖，题目表述方式合理、有效；题干及设问准确、简洁，难度合理，一般在 0.65 左右，保证有较好的区分度。注意扬弃旧检测形式的优劣，稳步过渡、积极改进。综合题命题则要贴近日常生活、工作和学习，注意引进新的题型，如运用适量的开放性题型，突出检测学生能否用所学到的知识和技能灵活应用于日常生活，对生活中的现象和行为有正确或独特的见解，并且评价时不求答案唯一而求观点无误、方法实用。为体现"普及教育"理念，而非"精英教育"，测试按百分制计分，然后换算成 A 、 B 、 C 、 D 四档，准备参加模块总评。

二、注重学习过程，搞好学习记录

构建主义教学思想认为，对学生的评价不能单看测验成绩，也要考查学生的作品、试验报告和观点，过程和结果，态度和方法等。学习过程记录就是为此而设立的。通过"记录册"记录包括平时作业、课堂活动在内的各种情况。记录册由学生课代表保管，教师或教师委托课代表进行成绩登记，以正面成绩为主，鼓励学生不断进取。平时成绩记录学生平时的理论作业、上机操作作业、课前抽查作业中的优秀者，课堂活动记录包括上课发言、代表小组发言、课前抽查问答、给全班同学演示等的优秀者。一学期最多十条，且要注意每位学生有同等的获得记录的机会。期末时用 A 、 B 、 C 、 D 四档区分评价。10 ~ 8 分以上为 A ；7 ~ 6 分为 B ；5 ~ 3 为 C ；不足 3 分为 D。

三、开展综合活动评价方式

综合活动是"新课程"的重要特征，是评价学生在一个学习阶段，教学目标完成情况的重要依据之一。综合活动包括综合学习活动过程及其成果。每一个学段一般都有至少一次较大的综合学习活动。如果参加了多次这种活动，可以填写多张信息技术综合学习活动记录表，然后合并评价。记录内容包括活动主题、内容、时间、地点、参加人员，

重点是本人负责的项目及活动表现和取得的成果，成果包括相关知识和能力的提高、思想道德情操的熏陶，以及活动的作品等。综合学习活动的评价与前面的评价不同，可以以学生自评、互评为主。教师在活动评价中，要根据不同情况，恰当把握指导的力度。评价要着眼于学生在活动中能否全面提高自己的综合素养，特别着重于考查学生的应用和探究能力。评价时，要尊重学生的个性和兴趣，注意学生在活动中是否积极、主动参与，是否努力完成分工任务，是否能够与同学互助合作，是否积极表达与交流，是否能够灵活运用现代信息技术参与活动，是否善于发现问题、分析问题和解决问题等等。

四、开展电脑创作活动，激发学生学习兴趣

高中信息技术课程标准首次明确提出把培养信息素养作为课程目标。关于信息素养，人们有各种不同的认识。专家认为学生信息素养应该表现在具备信息的获取、加工、管理、呈现与交流的能力；对信息及信息活动的过程、方法、结果进行评价的能力；流畅地发表观点、交流思想、开展合作并解决学习和生活中的实际问题的能力；遵守道德与法律法规，形成信息社会相适应的价值观和责任感。因此，让信息技术课走出教室，走向学校、家庭与社区，无论是从信息社会的发展需要看，还是从发展学生信息素养需要看都是有益的。课外活动，包括第二课堂活动和参加社区电脑制作活动，以及网上组织的专题讨论等，是学生提高信息素养、学习信息技术相关知识的重要途径之一，而课外活动又是以各类电脑制作，如电子报刊、电子绘画、多媒体作品、网站等，以及各层次的计算机竞赛为主展开的。如何吸引学生，使他们能积极参与这类活动，在活动中提高水平、树立信心，是学业成绩评价机制必须考虑到的重要因素，不仅要重视成果评价，也要重视参与过程。对那些在制作和竞赛中取得了好成绩的学生当然要给予最高的鼓励，对那些参加了活动虽然没有获得名次的学生也要有所鼓励。

五、强化模块评价功能

一个模块评价的项目，包括期末命题测试、学习过程记录、综合活动评价、创作与竞赛成果等4项，而模块总评方法如下：

（1）模块成绩要评为A等，4项中必须有2个A、2个B以上；

（2）模块成绩要评为B等，4项中必须有2个B、2个C以上；

（3）模块成绩要评为C等，4项必须全为C以上。

模块成绩评为C等以上，才能得到2学分。模块要根据课标的要求予以评价。需要评价的4个项目中，大多是定性评价，承认学生的个体差异和学校的差异，可以说有一

定的弹性。4 项评价的项目，只要有一项不达标，模块学习就不能达标，不能拿到 2 学分。这样进行模块评价，不仅便于操作，而且摒弃了过去把考试分数作为唯一的成绩评价标准的做法，对高中信息技术教学有积极的导向作用，有利于促进学生的自我发展和信息素养的提高，有利于学生努力参加课内外学习实践活动，打好基础，掌握和运用信息技术，有利于提高教学质量。

最后，笔者认为做好普通高中信息技术学科以模块为单位的学业成绩评价，是"新课程"要求的重要内容，起到对本校的、本地区的乃至全国的信息技术学科发展的导向作用，因此应大力研究、探讨。在此将我们一年来摸索的经验提供给大家，以供交流，共同完成好重大而艰巨的任务。

第五节　问卷星在高中信息技术课堂教学中的评价

近年来，我国教育领域发生了重大变化，各类新型教学模式层出不穷，如微课、慕课、翻转课堂等，推动了我国高中教育的发展与进步。问卷星作为一款问卷调查软件，是目前值得关注的教学软件之一，特别是在教学评价中意义重大。因此，对问卷星进行研究具有重大的现实意义。

一、问卷星平台的基本特点

问卷星是在线问卷平台，其特点包括以下几点：第一，问卷星平台的成本比较低，主要分为三个版本，分别是免费版、专业版及商务版。不同的版本的使用对象和功能有所不同。对于高中信息技术教学，免费版便可以实现教学评价，所以可以说问卷星是一个零成本平台。第二，问卷星的使用具有便捷性，对教师的要求不高。从整体角度分析，其平台操作属于图形化界面，教师只要具备设计思路，根据操作提示即可完成，花费时间较短，效率较高。第三，问卷星平台的功能众多，包括外观自定义题型设计、数据统计、问卷发布等。平台涵盖近 30 种题目类型，能够从根本上满足高中信息技术课堂教学评价的基本需求。第四，问卷星支持多种平台，不仅可以通过计算机浏览器访问，也可以通过微信公众平台访问，利用手机、平板电脑等终端进行操作，打破了时空的限制。

二、高中信息技术课堂教学评价中应用问卷星需遵循的原则

陶行知的"教学做合一"是目前备受关注的理念，也是生活教育的方法论。该理论认为在生活中，教法、学法、做法是不可分割的。此外，陶行知认为，脱离生活、脱离劳动的传统教育会阻碍儿童的身心发展，其结果是培养一群无用的、没有创新精神和胆略的"书呆子"。在此背景下，要想充分发挥问卷星的作用与价值，需要遵循相应的原则：第一，遵循发展性原则。众所周知，学生的生长环境及认知特点有所不同，所以个体之间存在差异性。在教学评价过程当中，需要做到以人为本，特别是在应用问卷星时，要遵循发展性原则。每一位教师都要明确认识到，一次评价活动并不是对学生终身的评价，而是对学生下一阶段学习的指导，所以要遵循发展性原则，对学生加以激励与鼓励。第二，遵循多元化原则。伴随新课改的深入，教学评价的主体发生了变化，学生的主人翁地位得到巩固。评价能够让学生了解自己的优点与缺点，并进行反思。同时，还可以采取学生互评的方式，以满足评价的基本要求。第三，遵循可行性原则。在对评价标准加以设计时，需要对可行性原则进行分析，要保证评价标准的全面性与简洁性。标准不仅要易于学生理解，也要易于教师把握。当然，制定的评价标准不可过于形式化，要从不同的角度进行量化分析。

三、基于问卷星的高中信息技术课堂教学评价类型

（一）学生自评

从理论上分析，学生自评是指学生对自己的实际情况加以评价。一般而言，在开展学生自评时，教师要做好评价量化设计，实现评价的多方面渗透。同时，评价过程中要划分等级，将评价的意义及方法告知学生，让学生从自身出发，对自己的优势与不足加以分析。

（二）学生互评

从严格意义上分析，学生互评是建立在学生自评的基础上的。教师可以将全班学生划分为若干小组，然后利用网络共享的方式对学生的作业进行分析，让学生进行互评。在互评过程当中，要把握重点，指导学生从学习态度、价值取向等多个方面出发，标准不可过于单一。

（三）教师评价

与学生互评、学生自评相比，教师评价是两者的升华。教师评价要体现开放性与交

互性，并引导学生做好补充，实现师生之间的互动，如此才能从本质上改善传统的教学结构，提高学生的主人翁地位，发挥教师的引导作用。

四、高中信息技术课堂教学评价中问卷星的应用

（一）调查摸底

一般而言，教师对新生的实际情况不熟悉。此时，便可以通过问卷星设置调查问卷，对学生进行调查摸底，以掌握学生的基本情况，分层教学。

（二）评价反馈

在完成信息技术课程之后，教师要根据实际情况做好评价反馈的设计工作，对学生掌握知识的情况进行调查。问卷星平台中的题型众多，如单选、多选、量表、表格、文件等，能够满足教学的需求。从另一个角度分析，问卷星平台还能实现问卷逻辑，如关联逻辑、跳转逻辑、引入逻辑，有效理清题目之间存在的复杂关系。在信息推送方面，可以通过微信等多渠道推送。

（三）考试反馈

现阶段，部分教师会采取随堂测试的方式对学生掌握知识的情况加以分析。对此，可以利用问卷星做好评价工作。可以通过问卷星的在线练习、考试模式等功能，让学生巩固知识，让教师对学生的实际情况加以了解。此外，结合微信公众号做好检测。值得注意的一点是，问卷星可以对历史成绩进行记录，并于最后形成数据统计。

（四）课前评价

教师利用课前备课的时间，用问卷星生成课前调查问卷，对学生的状况和课前的准备活动进行客观评价，了解学生的课前自主学习情况和学习目标，确定创设什么样的情境、通过什么样的方式进行课堂教学。通过调查问卷，了解每一位学生的爱好及对新课导入和课堂教学评价的看法，然后做出相应的分析报告。

五、高中信息技术课堂教学评价中问卷星的应用效果

在高中信息技术课堂教学评价中应用问卷星已经成为目前的重中之重。可以按照教学内容与教学形式制定评价量表，针对学生的现状选择评价方式，实现对学生知识、情感态度、价值观的评价。另外，从高中信息技术学科特点出发可以了解到，该学科以培养学生的信息素养为主，要让学生掌握基本的信息技术知识。因此，在课堂教学评价中，要充分重视学生的主体地位，采取多样的评价方式，促使学生全方位发展与进步。

总而言之，在高中信息技术教学中，要利用问卷星创设的调查问卷对课堂教学过程进行价值判断，为学生的自主学习提供依据，从而保证学生自主学习的效果。有效的教学评价要求我们评价学习的目标，采用多种操作性强的评价方式和评价工具，将评价贯穿于整个学习过程中，使学生参与评价，从而真正实现"以学生为本"。

第六节　高中信息技术教学中研究性学习评价

新课程倡导学生主动参与、勤于操作、乐于探究，旨在让学生从学习和生活中的问题出发，选择感兴趣、操作性强的话题，采取自主学习、合作交流等方式开展研究活动，培养学生搜集信息、获取知识、解决问题的能力。《普通高中"研究性学习"实施指南》指出："对研究性学习的评价要强调评价主体的多元化和评价方法、手段的多样性，特别关注学生参与研究性学习活动的过程，注重学生在学习过程中所获得的直接体验，把对学生的评价与对学生的指导紧密结合起来。"研究性学习摒弃了接受式学习方式，为学生提供了一个开放的学习环境，为学生提供多渠道的知识，引领学生从多角度分析问题，通过实践活动形成积极的学习态度。研究性学习的引入为信息技术增添了无限生机。

一、信息技术课程下实施研究性学习的意义

有利于明确学习目的。在高中信息技术教学中，教师不能满足于学生掌握信息技术的操作技能，还要引导学生运用信息技术解决实际问题，从而提高学生的动手操作能力，为适应信息社会发展打下坚实的基础。部分学生学习目的不明确，片面地认为上信息课就是上网浏览、听音乐、聊天，教师要将学科学习与技术应用融合起来，让学生去完成演示文稿、网页等作品，从而产生学习成就感，产生主动学习的愿望。

有助于提高信息素养。研究性学习丰富了学习资源，拓展了学生视野，引领学生走出课堂、走向社会，通过走访调查、社会实践、信息搜集等形式丰富获取信息的途径，逐步学会筛选、处理和表达信息，从而提升信息素养。

有利于加强学科整合。信息技术为学生学习提供了丰富的教育环境和有力的学习手段，促进了师生互动方式的变革，能丰富学科知识的呈现形式，能取得化繁为简、化难为易的效果，教师要引领学生学会运用几何画板、Flash 等工具探究其他学科的知识，有助于学生的全面发展。

二、信息技术课程下研究性学习的评价内容

研究性学习要走出重智轻情、重结果轻过程的传统评价方式的困扰，要关注学生的探究过程、关注学生的情感发展。

参与活动的态度。评价内容包括参与活动的意识、分工合作的精神、信息和分享信息、尊重他人的想法、认真获取结论等方面的内容。

活动体验情况。教师要借助于活动记录、研究报告，了解学生是否乐学和在活动中的参与度，关注学生能否提供积极的建议和有效解决问题的措施。

研究方法及掌握技能。教师要关注学生资料的多样性、价值性，分析是否有条理、表达是否清晰。

学习结果。教师要鼓励学生运用信息技术完成学习成果，可以是动画、网页、设计等作品，也可以是调查报告、研究论文等形式。

三、信息技术课程下的研究性学习的评价方法

树立生本评价观。信息技术评价旨在营造开放的学习环境，在注重教师指导的前提下，关注学生的自我探究。学生是评价的主体，理应参与到评价之中，因而教师要树立生本评价观，改变传统的被动评价状态，促进学生的主动参与和自我完善。

（1）自我评价。研究性学习强调学生亲自参与活动、独立完成各项研究任务、亲历知识产生、发展的过程，产生积极的情感体验，而这种体验只有自己才能感受深刻。教师引导学生学会反思，包括探究兴趣、学习内容、是否努力、是否具有创造性等内容，从而不断矫正自身行为，缩小与学习目标之间的差距，更好地完成教学任务。（2）同学互评。在小组合作学习中，同伴之间彼此分享、互相促进、互相帮助，通过同学互评可以获得必要的反馈，从而反省自己、完善自己，促进合作效率的提高。（3）教师评价。在研究性学习中，教师切不可放任自流，要及时捕捉信息，关注学生的一言一行，对学生表现出来的操作能力、学习态度、学习毅力、合作意识和研究方法做出以激励为主的评价，并提出合理的建议，以增强学生的自信，让他们出色地完成研究性学习任务。

定性与定量评价相结合。在研究性学习中，教师要制定评价量规，通过课堂观察、学生作品等对学生获取的知识、技能等以等级的形式进行衡量，并据此做出定性结论的评判。如在制作专题网站活动中，根据"网页制作量规评价表"对主题、网站规划、内容、素材运用、技术、页面效果、小组合作、创意等按 A、B、C 三类进行评价。对于难以量化处理的内容，如情感、态度、价值观等内容可以采用定性评价方式，教师要运用激

励性的语言，让学生感受到有努力就有收获，体验到成功的愉悦。

　　档案袋评价法。教师要通过收集学生不同时期的作品或课堂观察、提问、作业等资料，可以是图片资料、文字资料，也可以是学生的行为表现，通过对比对学生的现实表现进行评价，促进学生的自我反思，让学生健康的成长。

　　总之，我们要改变传统的评价机制，发挥评价的甄别、导向和激励作用，让学生在研究性学习中提高实践能力、合作精神和创新意识，从而有效提高学生的信息素养。

第九章 高中信息技术教学的应用研究

第一节 基于类比思维的高中信息技术教学应用

当前，还有一些人认为高中信息技术知识并不重要，信息技术就是一门"玩电脑"的学科，虽然可以学到一些知识，但是相较于高中的主科课程知识内容就显得无关紧要了。其实，信息技术不应只停留在娱乐消遣这个层次上，信息技术不仅与生活息息相关，而且也可以为大学有关信息技术专业知识的学习做好铺垫。

一、类比教学法在高中信息技术教学中的理论依据

本节中的类比思维是指教师的一种教学方式，就是通过将学生已经学过的、了解的知识内容与相似的或者相通的知识类比，通过这个类比过程建立一个简单的框架，从中找到一个突破口，把比较难的问题变得简单易懂，从而帮助学生养成一种创新的思维模式，是激发学生主动学习的一种非常高效的教学方法。

在以教师为主导的前提下运用类比思维。例如，"别人可以运用电脑创造出对社会、对自己有利的价值，为什么你运用电脑首先想到的是上网打游戏？"是呀！淘宝、京东等与我们的生活息息相关的网站都是由计算机来编程设计开发出来的。我们学习信息技术是为以后的学习和生活打基础，所以我们必须重视起来。这一简单的类比，开拓了学生对计算机的认识，激发了学生对信息技术原理的理解，为学生以后的学习和生活还有工作打下了坚实的基础。

类比思维教学方法的应用，可以从日常生活实际中找寻模板。从一些简单的事物开始进行类比，可以激发学生自主探究模板的兴趣，促使其寻找类比事物之间的联系和构建。在这个过程中，学生的学习兴趣、联想能力、逻辑思维能力得以锻炼提升。

二、类比教学法在高中信息技术教学中的实践案例

案例源于生活实际，用于教学中的实际情况，通过多层次、多角度的分析和反思，

使教师的教学效率和学生的学习效率均得以提高。

（一）教学背景

当前，大多数学生家长认为，应该一切向高考的标准看齐，信息技术这门课程虽然有用，但是高考并不涉及，不能过于要求学生在信息技术这门课程中达到一定的高度，这样不利于学生学习主课程。家长对高中信息技术课程的反应和态度直接影响着学生对高中信息技术课程的反应和态度。在这样的背景下，笔者将选择普通高中课程标准实验教科书《网络技术应用》中的《网络通信的工作原理》一章节为教学背景，对类比思维教学法的应用展开阐述。

（二）教学设计

1. 教学目标

通过类比教学法，让学生着重了解 OSI 模型和 TCP/IP 协议的知识内容。理解网络数据传输、数据交换的本质和工作原理，并培养学生的学习兴趣和自主解决问题的能力。

2. 内容分析

网络是怎样运行工作的，网络通信运行工作的原理等知识虽然常见且基础，但是对于学生来说依旧是比较复杂、以理解难的知识点。只有深入了解网络是怎样运行工作的，网络通信运行工作的原理这些知识，才可以为以后的学习、工作，乃至生活奠定坚实的基础。

3. 学生分析

网络虽然经常用到，谁也离不开互联网，但是大部分学生和家长把信息技术的认识停留在了消遣、娱乐这个层次。从背景实例中可以看出家长们对于信息技术这门课程的认识和态度，笔者就不难想象出学生们对信息技术这门课程的认识和态度了。

4. 教学策略分析

对类比思维的应用，可通过生活中最常见的"京东、淘宝、天猫"快递配送系统为实例进行类比。通过分析包裹从"卖家"到"买家"的转移引导学生分析其运输过程，把这个过程和 OSI 做类比探究，再利用 OSI 的基础知识对照分析 TCP/IP 协议体系，然后再通过种种类比将其引入情景教学中，让学生探讨、研究网络是怎么样运行工作的，网络通信运行工作的原理是什么。

三、类比教学法在高中信息技术教学中的实例

（一）借用生活实例

教师引导学生想象生活中经常接触的实际案例做类比思考，以"快递系统"来类比

数据传输的层次结构，教师要引导学生深层次地剖析"快递系统"的快递过程。中国现有的快递企业在邮寄时都涉及用户子系统、邮寄子系统、运输子系统。我们把这个类比到信息技术网络中，系统之间要完成一个包裹的快递运输必须要遵守一定的约定才可以完成快递网点之间的传送任务。

（二）创设类比情景

深入分析快递运输系统的各个过程和各个环节，通过类比思维来进行类比引导，用这个方法去迁移、总结、概括。

（1）包裹从买家下单到卖家出单中间的过程是怎么样的？（包裹类比到网络中要传送的数据，首先需妥当地包装好，这个类比到 OSI 参考模型中的应用层）（2）填写快递的快递单据。（快递单据上标明一些信息，类比到 OSI 参考模型中的表示层）（3）运输前快递公司内部之间是否需要沟通？（事先和对方沟通协调运输事项，准备运输，类比到 OSI 参考模型中的会话层）（4）运输途中是否要保证快递的安全，以防遗失？（采取一定的保护措施，确保快递的安全，类比到 OSI 参考模型中的传输层）（5）根据实际情况选择最佳运输路线。（最佳运输路线的确立，类比到 OSI 参考模型中的网络层）（6）开始运输之前，最后核对检查快递相关信息。（运输前的最后检查，如地址信息等，类比到 OSI 参考模型中的数据链路层）（7）按选择好的路线由运输人员实施运输。（类比到 OSI 参考模型中的物理层）

四、类比教学法在高中信息技术教学中的反思

在教学中，类比教学法的类比对象一定要是学生很熟悉且很容易理解的，这样更符合学生的实际学习情况。如果用一些学生并不熟悉且不容易理解的实例做类比，反而让学生更加难以理解。类比教学法的类比对象要与教师所授知识性质相同，否则不能起到启发学生迁移、类比的作用。教师可以类比生活中的例子去引起学生的重视，这是对信息技术一种真正的认识。

总之，信息技术是一门很有用的课程，我们以后的生活都需要运用到这门技术。总的来说，只有加深学生对类比思维与信息技术的认识和理解，才能启发学生认识信息技术知识的本质。

第二节　VR 虚拟技术在高中信息技术教学中的应用

高中信息技术教学的重点是经过课程教学使高中生掌握各种最基本的计算机应用理论和技能，这是一种比较先进的教育模式。伴随着信息技术不断进步，计算机教学的根本目的也出现了变化，从原来的"懂"计算机变成如今的"会"计算机。对于在其他学科教学中应用的多媒体系统来说，教师把原来的教学完成了从课本至大屏幕的改变，实现了从固态到动态的改变。如今简单的教学方式已无法适应逐渐发展的课堂，必须融入先进的信息技术。而伴随信息技术的进步，更为先进的 VR 科技正逐步得到推广应用，这种技术既能够让教学模式变得越来越灵活、具体，还可以在很大程度上提高学生的整体素质。

一、高中信息技术课程现状及问题介绍

当前，信息技术的普遍使用促使高中信息技术课程也在持续创新与改革。但是，当前的课堂教学中依旧存在很多问题，比如现有的硬件设施比较老化等。在信息技术课堂上，计算机是高中生更好地学习信息技术内容的关键基础设备，并且在现实生活中也被高中生所依赖，然而计算机工作的速度太慢、配置数量不够等问题时有发生，这些均是直接制约信息技术课程进步的重要问题。如今高中生与家长对高中信息技术课程教育的认识有明显偏差，并未真正了解与认识到信息技术的概念。从家长的观点直接出发可以发现，家长大多想要孩子去学习主考课程，针对信息技术的关键性缺少必要的认知水平，因此教师唯有持续创新与发展教学模式，方可使高中信息技术课程得到更好发展。

二、高中信息技术课堂上使用 VR 科技的主要原因

VR 虚拟技术其实并没有想象中的那么难以理解和抽象，简单地说，这种技术主要是以计算机系统为基础，依靠人体的视觉、听觉、嗅觉、触觉等感官，再通过图像处理，把各种人体行为、交互式多媒体系统等相结合，使原来虚拟的事物变得真实可感，然后呈现在人们面前，营造出一种更为真实直观的环境。高中信息技术课堂上使用 VR 虚拟技术的主要原因有以下几个：

（一）灵活安全

教师能够按照教学需要，在虚拟机器上设置各种操作系统及软件，营造新课程标准

中每个模块的教学氛围。课堂上，师生能按照教学内容，登录对应模块，在相同机房中完成每个教学及实验任务。学生在学习时能大胆进行尝试与实验，即使偶尔出现操作失误，也可以利用虚拟系统的还原功能恢复到初始状态，再重新操作。

（二）功能全面

VR 系统通过虚拟设备进行操作，与真实操作软件并无多大差别。虚拟机器是借助服务器的产品虚拟形成的、规范的、兼容性最佳的虚拟机器，能用和真实计算机一样的方法调整各项参数。每个依靠服务器运转的虚拟系统彼此隔离，具有特殊的网络 IP 地址，功能完整，满足了高中信息技术教学的各项需求。

（三）提升效率

传统机房中，计算机购买、建网、安装与调试时间较长，应用阶段的日常维护也比较耗费人力、物力，早期、后期运营维护的经济成本、时间成本均较高，而 VR 虚拟技术的主要工作是加强服务器上诸多配置文件的保护管理，运行效率较高，对教学有很大的便利。

三、高中信息技术课堂上 VR 技术应用的必要性

当下，在高中信息技术课堂上应用 VR 虚拟技术有多重必要。

（一）激发高中生学习兴趣

原来的高中信息技术课堂通常以教师讲述理论知识和学生模仿操作的方式进行，由于信息技术理论知识比较难懂，学生如果没有清楚地理解教师讲授的理论知识，在具体操作中容易出现错误，导致学习兴趣较低。采用 VR 技术展开高中信息技术教育，可以通过视觉、听觉等人体感官的刺激，提高学生的学习兴趣，学生在交互状态下积极学习知识，可以更好地掌握所学知识，并提高操作能力。

（二）转变信息技术授课模式

新课改背景下，传统教学方式需要加以改变。以前的信息技术授课模式始终以教师为主导地位，学生处在被动地位，学生的学习自觉性很差，致使教学质量不高。而把 VR 虚拟技术融入高中信息技术课堂中，可以有效转变信息技术授课模式，充分突出学生在课堂上的主体地位，教师变为引导地位，从而提高学生在教学过程中的学习自觉性。

（三）完善信息技术授课方法

以往高中信息技术授课模式下的教学方法，始终以教师讲解和学生模仿操作的方式进行，因为课堂时间有限，学生难以彻底吸收教师讲述的内容，具体操作过程的效果也

不够理想。把 VR 技术融入高中信息技术课堂教学中，教师能够从烦琐的教学知识中得到解脱，从而对学生的实践操作提供积极引导。而且采用 VR 技术开展高中信息技术授课，可以有效存储、复原授课内容，也可以重复应用教学内容，由于信息丢失或硬件损坏引起的问题也可以得到有效解决。

（四）培育高中生的核心素养

高中信息技术课堂上采用 VR 技术，可以有效处理高中生学习积极性较低、学习困难的问题，处理教学设施不够和陈旧的现象，充分突出教师在教学过程中的引导作用以及高中生在课堂上的主体地位，可以有效提高高中信息技术课程的教学质量，提高整体课堂效果，对高中生的信息思想、计算思维、信息化学习及创新思维、信息时代责任意识等的增强具有显著作用，有助于培育高中生的计算机课程核心素养。

四、高中信息技术课堂上使用 VR 技术的对策

高中信息技术课堂上使用 VR 技术时可以采取以下对策。

（一）依靠 VR 技术调动高中生的学习兴趣

高中信息技术课堂上，为了让学生更为形象地了解各种信息技术知识，教师可以依靠 VR 技术辅助教学，通过组织各种教学活动，使 VR 技术功能得到充分体现。

比如，在讲解"画基本几何图形"这一知识点时，教师需要把握这一小节的授课目标，即"带领同学们对用几何画板画出三角形的办法有大致掌握，而且在这一基础上可以指引高中生大致了解几何画板的思考探究方法"。在讲解这些知识内容时，教师若只是简单进行口头表述，无法将知识中所蕴藏的灵活性和发展性体现出来，也无法使高中生真正掌握这些知识。若依靠 VR 技术来讲解这些内容，就可以把原来非常虚拟抽象的知识点还原至现实，能够使学生更好地了解知识点。因此，在具体教学中，教师可以借助 VR 技术把"绘制画板"进行 360° 的多角度展示，让学生沉浸在教学知识点的讲解中。除了能够多角度展示"绘制画板"外，教师还能够将学生带进 VR 技术所展现出的课堂氛围中，使其获得更为清楚的感官体验。但是，这种感官体验是基于与 2D 课本相比较获得的。同时，教师还能够依靠 VR 技术使学生处在虚拟空间中，再手动处理"绘制画板"，使所描绘出的东西能更直观地呈现在学生面前，这样，教学活动在这种技术的支持下会变得越来越灵活，学生的学习也相对而言更有价值。另外，依靠 VR 技术，学生所掌握的知识点将更加丰富，学习过程也将更为轻松，有助于提升其学习热情。

（二）使用 VR 技术演示计算机实验过程

如今伴随着教育规模的逐渐加大，各种教学设施越来越健全，许多学校的实验室中供教学应用的计算机设备也越来越完善。在高中信息技术课堂教学中，教师可以利用 VR 技术在实验室内进行计算机实验处理，这种教学模式可以在很大限度上提高学生的实践操作水平，还可以减少学习成本，提升教学效率。

（三）利用 VR 技术避免生活方面的风险

高中信息技术课堂上，学生若想对一项信息系统的应用有更深入的了解，最好的途径就是用理论联系实际的形式来形象地了解这些知识，这样可以使原来一些较为抽象的操作和令学生感到困惑的描述变得更加清楚、直观。如今基于 VR 系统已衍生出大量仿真软件，若采用这些仿真软件，就可以让学生处在一个比较真实的场景中。学生熟悉并适应了这种场景后，一些真实场景中有可能产生的干扰因素就会大大削减，或是说以理想化来形容这种场景也不为过。但是，虚拟终究是虚拟，仿真软件无法将全部现实体现出来，但是这种仿真加工已能够处理许多问题，能够将原来不高的课堂效果推向更高层。并且，VR 技术所表现出的画面能够有效打破传统教学模式的局限性，学生能够借助自己的双手对原来的一些理论知识进行实际操作，这种方式能够让原来乏味的理论知识变得更加具体形象，并且为学生以后的学习打下良好的基础，进而让学生主动学习和独立思考的水平得以有效提升。

综上所述，理论知识和实际能力相脱节是当下教育中的一大问题，信息技术对实际应用的要求比较突出，因此在教学中应注重实践教学。以往设备陈旧、操作不安全等因素限制了学生在信息技术方面的发展。VR 虚拟技术的产生及其在教学方面的应用，能够大幅度处理各种问题，既激发了高中生对高中信息技术课程的学习积极性，还营造了一个比较安全的学习氛围，具有较大的现实作用。

第三节　高中信息技术主题式教学的应用

信息技术是一门对学生实践能力有很高要求的课程，它要求学生不仅能够学懂课本中的概念知识，同时还要能够将概念知识转化为实践动手能力并综合应用。这就要求教师引导学生学习信息技术课程时，不能过多强调学生掌握理论知识，要求他们在理解理论知识的基础上实践，在实践的基础上吸收理论知识。主题式教学能够满足信息技术的教学要求，它是指教师引导学生了解一个主题，让学生初步了解到自己需要学习的范围；

给一个任务让学生动手实践，在实践中找出知识结构的不足；学生在完成任务中弥补知识结构的不足，同时根据自己的兴趣爱好吸收更多自己喜欢的知识。现以"视频、音频和信息加工"一课说明主题式教学应用的方法。

一、设定主题范围

开展主题式教学的核心，就是给学生一个需要学习的主题，如果学生对主题产生兴趣，他们就有自主学习的干劲，教师的教学就会产生"事半功倍"的效果；反之，如果学生对学习的主题不感兴趣，教师要让学生自主学习就会倍感困难。因此教师在开展教学以前就要找准教学切入点，给学生一个他们可能都会喜欢的学习主题。

以该课程来说，教师的目的是为了让学生掌握视频、音频和信息加工的基础技术。随着信息技术的发展，做 MV 已经不是专业人员才能办到的事，只要人们手中有一台配置较高的计算机，且有初步的剪辑水平都能做出漂亮的 MV；学生一般会非常喜欢电影、电视剧中的片头、片尾；也很喜欢他人制作的个人 MV；学生内心有时也会产生想做 MV 的感觉，然而他们可能没有技术、没有动力去制作 MV。教师给学生布置 MV 的制作，会给学生一个实现理想的动力，学生愿意自主学习。

二、布置学习任务

（一）创设主题的情境

教师在开始教学前，选定该次教学的切入点，让学生制作 MV，虽然学生可能会喜欢这个主题，然而如果学生觉得学习目的是为了完成一个任务，他们可能会失去学习动力。教师可以给学生一个情境，让学生自己对学习主题产生兴趣。

比如教师可以给学生看几个经典 MV 作品，包括经典影视 MV、节目庆典 MV、经典搞笑 MV，学生对 MV 的剪辑效果产生兴趣后，教师引导学生讨论自己喜欢这些 MV 的哪些地方。有些学生表示很喜欢 MV 的剪辑效果，有些学生表示很喜欢 MV 对镜头的处理，有些学生表示很喜欢 MV 传达出的创意。看到学生跃跃欲试，教师可以对他们说："别看这些 MV 看起来很拉风炫丽，实际上它们的制作过程并不复杂，我们今天的主题是制作一支自己喜欢的 MV。"

（二）给予实践的机会

教师给予学生要尝试的主题后，可以分析制作一支 MV 大体需要以下几个方面的技术：视频剪辑技术，学生必须把不同格式的视频统一成为一个格式；音频处理技术，选择背景音乐时，该音乐可能片头片尾有多余的声音，或者音频的效果不尽如人意，学生需要用专业的音频软件处理音频；字体处理技术，通常计算机中自带的黑体、宋体、楷体等字体太少，不能满足 MV 的制作要求，学生需要学会自己选择字体包，处理字体转换；平面设计技术，学生做 MV 时，有时会需要使用视频和图片的合成技术，这就需要学生了解 PS 的图形处理和抠图技术。通过实践，学生就能自主地学习视频、音频信息处理技术以外的其他相关技术。

（三）建立理论的衔接

教师使用主题式的教学方法引导学生学习时，部分教师更看重实践而不注重理论，实际上并非如此。信息技术是一门要求理论和实践紧密结合的专业技术，如果教师空谈理论，学生可能不能明白教师的理论是什么意思，然而如果在学生实践中遇到困难时，教师引导学生自主吸收理论知识，学生就会明白理论知识的重要性，他们就会愿意在课下补充相关的理论知识。

比如以视频处理的效果来说，如果教师跟学生空谈视频的格式、视频比例、视频色调等，学生可能会认为自己根本用不着了解这些知识，又何必那么麻烦的把一个视频转来转去呢？学生通过亲自动手实践，才能了解到流媒体格式虽然体积小、品质高，可是它们只适合观赏却不适合做细节处理；如果自己做 MV 时不统一视频比例的标准，MV 的图像就会有的大、有的小、有的长、有的扁，只有正确处理视频的比例才能达到剪辑的效果；不同的视频剪辑，它们的色彩饱和度不一样，如果不做视频的色调处理，视频 MV 就会显得花花绿绿、杂乱无章，做适当的色调处理，它们看起来才会统一、协调。学生在实践中了解到理论知识的重要性，日后他们就会自主地吸收理论知识。

三、建立多元评估

学生完成主题学习后，教师需要意识到学生的学习基础不一，教师要多元化的评估他们的成绩，以免损伤他们的积极性。以该次主题式学习来说，教师可从创意、技术、态度等多元指标评估学生的成绩。同时教师要意识到有些学生非常有制作 MV 的天赋，且他们对该技术非常有兴趣，教师可以引导他们深入进行学习。比如有些学生对 MV 制作非常有兴趣，他们想了解如何做出如 MTV 一般的滚动字幕效果，教师可以引导他们去阅读相关的资料，继续深入学习这方面的知识。

第四节 思维导图在高中信息技术教学中的应用

思维导图是随着教学发展产生的新型教学方式，不同于传统教学的生搬硬套，有效地改善了课堂上的学习氛围。其灵活的教育方式加强了课堂上师生的互动，能够帮助学生快速地掌握知识点，为学生的学习提供了绝佳的助力，提高了学生对信息技术的应用能力。

一、找准教学主题，构建思维导图

教师在上课前需要进行备课等活动，故而在备课时，教师可以将思维导图穿插到教案中。教师应该对整节课的教学主题进行总结概括，结合学生的认知能力，整体规划课堂的授课流程。思维导图应该从学生较容易接受的部分开始，或以趣味性开头来展开思维导图的构建，详细地规划每一步思维进展的方向，对思维导图进行整体布局，并注重学生容易犯错的地方，在学生思路走到误区的时候及时进行纠正。

以高中信息技术第二章"信息获取"为例，教师可以在课前备课时先对本节内容进行整体的了解，在设计教案时插入思维导图。以信息获取的方法和流程作为思维导图的开头，以互联网信息的查找方式作为升级热身，把文件的下载方式和网络数据库的信息检索作为本节课的重点内容，可以以板书或者 PPT 课件的形式展现给学生，帮助学生了解信息的重要性，学会如何从互联网上获取自己需要的信息，有效地利用互联网这个信息源。通过将思维导图运用到课堂教学中，使学生更加直观地了解知识内容，帮助学生有效地构建新知识的思维层次，轻松地将新学的知识和老知识有机结合，锻炼学生的逻辑思维能力。

二、明确概念信息，有机连接知识

在思维导图有了大概框架之后，教师应该对框架中的每一个知识点摸透深层内容，对关键概念词之间的关系有对应的理解，把关键概念词的分层次关系、并列关系标记出来，用符号使整个概念图更加清晰明了，使学生在学习时能够快速地了解思维框架中关键词的深层次内容以及关键词之间的关系导向，帮助学生轻松地掌握本节课中的重点内容。

以高中信息技术第五章"音频、视频、图像信息的加工"为例，教师在进行备课时，可以先了解这节课的重要知识点，并大概了解这节课的知识框架。教师可以将音频信息的采集与加工、视频信息的采集与加工、图像信息的采集与加工作为三个主要概念同级排列，对每一个主要概念分为"采集"和"加工"两个分级概念，讲解"音频信息""视频信息""图像信息"和"采集""加工"的理论概念和操作方法，帮助学生学习将图片信息和音频信息结合在一起形成视频信息的操作方法，并在思维导图构建完成后进行一定的教学总结，帮助学生全面地掌握这节课的教学内容。在这节课中，理论知识非常多，如果按照传统教学的方式来讲课，学生不免会感到枯燥无味，而通过把思维导图运用在课堂上，学生能够了解课堂知识的大概内容，加上教师讲解，学生能够在构建知识框架后更加轻松地掌握所有知识，提升了学生的学习效率。

三、扩充知识面，不断修改完善

随着不断地学习，学生的知识框架会不断地扩充，思维导图的内容也会不断增多，这就需要教师在教学时有意识地帮助学生不断地完善思维框架，及时将新知识融入思维框架，使得知识能够不断地细化、交叉，加强学生对知识的掌握能力，让整门课程能够在最后形成一个整体的思维框架，进而开阔学生的思维逻辑能力，提升学生的学习效率，帮助学生激发学习创造力。

以高中信息技术第七章"信息资源管理"为例，这是高中信息技术中的最后一课，主要教学目标是帮助学生学习信息管理的方法技术。学生经过之前的学习已经掌握了信息的搜集方法、分类方法，那么在进行这一章节学习的时候，教师就要把这一节内容作为信息技术的最后一节有效地整合到信息的利用过程中，帮助学生形成整体的知识网络，能够掌握所有知识。通过思维导图的不断完善，学生掌握的知识也越来越多，学生的学习方法也逐步优化，提升了学生的思维运转能力。

四、学生构建思维导图，及时查漏补缺

学生在备课时有效地利用思维导图能够帮助课堂效率的提升，学生合理运用思维导图可以对课堂知识进行归纳总结，及时地查漏补缺。教师可以引导学生在课堂教学后自主构建课堂知识的思维导图，学生根据学到的知识进行规划总结，就能够明白在课堂学习中自己掌握了哪些知识，又有什么知识是自己模糊的，可以在课后向同学或者教师求助，对不清楚的知识点及时学习。教师可以对学生总结的思维导图进行检查纠正，了解自己的课堂效果，清楚学生是否掌握了课堂重点，对学习效果较差的学生给予帮助，保证全班学生都能够掌握课堂知识点。

以高中信息技术第六章"信息集成与信息交流"为例，教师可以在知识点讲解完成后，要求学生自己设计这节课的思维导图，对重点进行标注，把关键词进行详细的解释，并交给教师检查。教师通过学生的思维导图了解学生是否把信息集成、信息发布、信息交流等各个主要知识点彻底掌握，了解学生是否能够掌握这节课的重点难点，对学生的思维导图进行评价或者修改，对思维导图正确且完善的学生进行表扬鼓励，对存在错误的思维导图进行纠正。

高中信息技术是一门知识点复杂的课程，对学生以后的工作发展也有很重要的作用。教师应该合理运用思维导图这一教学方法，提升学生的学习兴趣，提升课堂效率，扩充学生的知识内容，帮助学生轻松地掌握并运用信息技术。

第五节　项目式学习在高中信息技术教学中的应用

信息技术已经成为当下社会发展的潮流，无论是人们的生活还是工作，均离不开信息技术。在此背景下，提升高中生的信息技术素养尤其必要。项目式学习是将所学习的内容分成一个项目，让学生在项目中对相关知识进行学习和探究，继而达到拥有掌握某种信息的技巧或者能力的目的。

一、项目式学习的概念

项目式学习是一种以学生为主开展教学活动的方式，其关键在于为学生构建一个开放式的学习环境，在该环境中学生基于所学习的知识对问题进行解决，以达到学习的目的。项目式学习环节强调的是在解决问题的过程中，提升学生的某种技巧及能力，比如对知识如何获取、对项目如何规划和解决等。项目式学习在高中信息技术学科中的应用，不仅能够提升学生学习的兴趣，增强学生学习的主动性，还能够锻炼学生的团队合作能力，挖掘学生的各项潜力，帮助学生更好地对生活中存在的信息技术问题进行解决。很明显，这是一种促进学生综合能力提升的教学方法。

二、高中信息技术教学中融入项目式学习应遵循的原则

（一）应遵循项目的可行性原则

在高中信息技术课堂中融入项目式学习应遵循可行性的原则。首先需要设计项目，设计的项目要尽可能地和所学习的知识及学生未来的工作方向进行结合，以便发挥理论

和实践结合的作用。设计的项目任务不能过于简单，也不能过于复杂。若过于简单会影响学生探索的热情，过于复杂学生则难以完成，也会打击学生的积极性。因此要根据实际情况选择难易适中的项目，这样才能够保证学生能够根据项目的指引进行探索，达到训练技能、提升教学质量的目的。

（二）应遵循学生的主体性原则

信息技术这门学科是比较复杂的，尤其是内部的一些编程、代码等。很多女生对该类课程并不感兴趣，甚至有些排斥，整体的学习质量也不高。因此信息技术教师在设计项目式学习方法时，首先应遵循学生的主体性原则。比如可以根据男生和女生在项目兴趣、能力方面的差异性，设计不同的项目，让不同层次的学生都可以在项目中获得能力的提升，以发挥出项目式学习的真正作用。其次在项目学习的过程中，教师一定要让学生自主地对问题进行探究，切勿一味地干扰或者是灌输，这会影响项目式学习的最终质量。

（三）应遵循实践性和探索性原则

融入项目式学习的根本目的就是为了让学生通过自主的探究，学习到信息技术的专业知识，提升学生信息技术的创新能力、探索能力。因此在整个项目学习过程中，需要教师明确学生的实践性及探索性原则，让学生主动地对一些项目进行探究，在学生遇到困难时可以进行引导，以帮助学生突破障碍、获得提升。

三、高中信息技术教学中融入项目式学习的策略

（一）明确项目式学习的流程和目标

项目式学习是建立在问题的基础之上让学生进行探究，继而达到学习知识及提升能力的目的。在高中信息技术课堂中，需要先明确项目式教学的目标，根据目标以及学生的特点，设置项目式学习的流程方法，这样才可以保证项目式学习在整个信息技术中得到合理应用。比如"数据编码"这一节课程，设置项目式学习的第一个目标就是掌握模拟数据的数字化方法。在进行了课堂的学习之后，学生了解了模拟信号以及数字信号，为了帮助学生更好地实现转化，将模拟声音信号精确地储存到计算机中，此时可以设计现场录音，实现声音数字化的项目。在这个项目中可以融入小组合作法、问题引导法、学生分享法等，达到课堂的互动及学生对数字化采样、量化以及编码的练习过程。从上述分析可以看出，项目式学习必须要明确学习的目标，根据学生的特征设置项目开展的方法，保证项目最终可以在课堂中有序地开展，继而达到最终的教学目的。

（二）融入小组合作教学，培养学生对项目探究的能力

创设项目情境只是项目式学习的第一步，最关键的一步还是需要落实在实践环节。正如上文所述，项目式学习需要遵循学生的主体性原则、探究性原则及实践性原则。在探究的过程中，教师要尽可能地让学生对项目进行分析、了解，继而达到提升学习能力的目的。为了避免在项目探索的过程中学生遇见阻碍，可以融入小组合作，遵循同组异质、异组同质的原则，将班级的学生根据学习的能力、学习的兴趣等分成六人一小组。例如"走进数据分析"这一节课，教师创设项目情境，某位同学乘坐 8 路汽车，8 路汽车早上 7 点和下午 5 点不拥堵，同学的妈妈乘坐 9 路车时，该车早上 8 点和下午 6 点非常拥堵，如何利用数据进行分析。比如有的小组提出了很多的假设数据，假设一在早上 7 点的时候，同学乘坐的 8 路汽车，相比于妈妈所乘坐的 9 路汽车在 8 点时的客流量较少；假设二，同学下午 5 点乘坐 8 路汽车，相比妈妈乘坐下午 6 点时的 9 路汽车，客流量较少等等，在学生的相互讨论之下，也就形成了一些预定的答案。这种答案并非最终答案，是需要通过验证说明才能够得出结论的。而验证说明的过程则是通过对大量的数据进行分析，并提取有用的信息，继而形成最终的结论。例如，该项目中有的小组在该项目中利用了对比分析，通过对两个以上的相关数据进行比较，寻找其中的差异，发现其中的规律；也有的小组采用了横向对比，则是同类事物之间的对比。在这种相互探讨以及分析的过程中，学生逐步了解了数据的重要性，也学会了对数据的基本分析。

（三）鼓励学生课堂分享，提升学生的创新素养

项目式学习的方法主要是将一些所学习的内容融入项目中，结合实际情况让学生对项目进行探究，继而达到学习知识的目的。在这个过程中，除了让学生掌握知识之外，还需要培养学生的一系列能力，比如探究能力、创新能力等，这就需要教师在课堂中给予学生分享的机会，让学生将自身在探究过程中遇到的一些问题以及探究的过程在班级中进行讲述，让其他学生可以学习和借鉴。同时，在分享的过程中激发起一些创新的火花，继而达到在高中信息技术课堂中提升学生综合素养的目的。

项目式学习方法是一种新型的教学方法，其在高中信息技术课堂中的应用，有利于提升课堂的趣味性，增强学生在课堂中的主体地位，让学生真正地参与到课堂的学习中，不断地优化学生的学习能力。具体在项目式学习时，教师需要基于所学习的内容以及学生的特征，合理地设置项目式学习的方法、流程、目标，以促进项目式学习质量的提升。

第六节　通信技术在高中信息技术教学中的应用

一、通信技术的运用分析

移动终端，特别是手机的普及和智能手机的广泛运用，是对可以随时随地移动使用的计算机设备的简称，主要包含手机、iPad、笔记本电脑等。手机通信已经成为现代通信的重要手段和方法。目前，作为一个超小型计算机系统，手机已经拥有极其完善的信息处理系统，通信方式也更趋多样化，能够通过无线运营网及无线局域网、蓝牙、红外等多种渠道进行通信，满足社会发展的多样化通信需求。运用移动终端进行教学，能够保证现代化教具使用的灵活性和随意性，让教学环节不再拘泥于课堂上，课堂时间和容量都有明显提升，为高质高效课堂的构建提供了强大的技术支撑和设备供应。

二、移动终端在高中信息技术教学中的应用优势

随着现代通信技术的广泛使用，通信技术已经成为中学信息技术教学的重要内容。随着教学技术变化的日新月异，教师也必须转变传统教学思想，顺应时代潮流，有目的、有意识地对自身的信息化能力进行巩固和提高。尤其是高中信息技术学科的教师，既是信息技术相关知识的传授者，也应该是通信技术教学工具的应用者、践行者和宣传者，要在自身所具备的丰富的信息化专业知识储备的基础上，围绕教育教学工作的开展，科学、合理地选择现代化教学设备进行教育和学习，形成"自身知识储备＋现代化教学设备＋科学教学"的良性教学模式，促进教学质量的提升。

纵观当前国内高中学校的情况，大多数学校设有网络教室，并且配备了相应的网络设备，这就为移动终端技术和设备的应用提供了相应的便利条件，使学生能够在网络教室运用移动终端进行教学平台的访问、相关知识点的搜索、微课视频的下载及师生的交互沟通，满足学生自主学习和探究的需要，全面解决学生个性化学习要求，促进学生综合素养的提升。

三、移动终端在高中信息技术教学中的应用例析

（一）仿真学习软件的应用

长期以来，在传统教学实践中，由于受到技术使用环境及设备操作模式等因素的束

缚，高中生要进行创新实践活动存在较多的障碍。而移动终端教学工具的出现，让教学情境的创设更加便利、简洁，师生都可以运用移动终端商的 3D 模拟学习软件，真实再现实践操作的全部过程，让学生能够对过程进行近距离、细节化的观察和体验，增强身临其境的真实感，强化记忆的稳定性，帮助学生更好地理解和把握重难点知识。

（二）微课视频的应用

作为一种新型的教育形式，微课是指以微型视频为载体的全新教学模式，视频时间在 10 分钟以内，结合教学标准及实践要求，将教学主要内容高效融合到短小精悍的视频中，形成对核心要点的深度解剖，帮助学生更好地理解重难点内容，丰富教学模式。以运用 Word 进行文字处理这一部分内容的教学为例，教师可以借助微课视频向学生展示书籍的编排过程。整个过程生动有趣、清新自然、贴近生活，学生的注意力很快就集中到视频学习中，兴趣倍增。此时，教师就可以通过问题来导入本节课要学习的内容及需要解决的任务。通过这种生活化场景的创设，一方面能够将知识以画面的形式呈现出来，通过声影图文等形成对学生多重感官的刺激，拉近理论学习同生活实践的距离，消解学生内心对枯燥理论知识学习的抵触情绪，调动学习热情，自主自觉地跟随教师的引导参与到课堂问题的发现与探究中；另一方面微课视频所具备的主题突出的特点，也能够满足学生的个性化需求，让学生结合自身实际情况，点对点地在线搜索和下载视频，对相关知识点进行巩固，查漏补缺，达到分层教学的目的。

（三）网络学科主题社区的应用

随着网络教学平台的兴盛和繁荣，不同的学习群体围绕信息技术学科内容在网上组建成不同的交流空间，由此推动了网络学科主题社区的产生和运用。首先，学生能够结合自己的兴趣和学习需要选择不同的主题社区。其次，在主题社区内，学生可以围绕某一个主题进行深入探讨和交流，分享自己的学习成果和经验，达到培养团结协作能力和互助共享提升的目的。随着信息时代的来临，主题社区的应用渠道不再局限在电脑上，手机、iPad 等移动设备成为青少年学生参与网络交流互动的主要选择，为学生学习模式的转变提供了更多的可能。在信息技术教学实践中，教师可以选择"门口学习网"作为师生互动交流的平台，向学生提供相应的用户名和密码，学生可以随时随地登录，继而在平台上浏览、观看优秀信息技术作品和课件，并进行点评，灵活自由。教师则可以根据学生的点评、留言等与学生进行沟通，切实掌握学生的实际情况。通过这种模式进行教学，实现了学习资源的充分共享和师生之间的高效沟通双重目的。

四、通信技术应用于高中信息技术教学中的问题思考

在通信技术运用的学习情境中，我们的学习时间不再局限在课堂上，学习地点也不再只停留在教室，可以是下课后的操场，可以是放学后的家里，可以是上学路上的公交车，这就让学生的碎片化时间得以运用。同时，经过长时间在嘈杂时空内的学习训练，能够让学习者有针对性地对自律能力、自学能力、注意力、管控能力等进行培养和提高，促进综合成长。虽然技术的发展促进了信息技术教学模式的丰富和优化，但是仍有很多教学难题得不到有效解决，这就有赖于技术的持续进步，继而在监管上给予更多的丰富和完善，减少软件广告等投放，规范软件操作模式，让学生在运用移动终端进行学习时获得更好的学习体验。

总而言之，通信技术的应用为高中信息技术教学活动的开展提供了更多的可能，打破了时间和空间对学生学习方式的限制和束缚。在当前教育背景下，学生只要手持移动终端，就可以灵活地选择学习时间、学习内容、学习地点，既保证了信息获取渠道的多元化，又能够满足学生个性化学习需要，学生主体地位进一步凸显，师生关系更趋健康，让学生主动参与学习成为当前课堂教学的常态，进而促进了信息技术核心素养的有效发展。

第七节 任务驱动法在高中信息技术教学中的应用

任务驱动教学法是在建构主义理论基础上产生的教学方法。与传统教师提问与学生回答不同，任务驱动教学法更加重视学生的主体地位，对其学习兴趣提升有积极作用。还能根据学生对问题理解角度的不同，从不同方向引导学生解决问题，扩展其思考路径。另外，在此基础上，能激发学生的求知欲，对于不能解决的任务，通过自主查阅资料或者与同伴交流讨论而解决问题。可见，任务驱动教学法能帮助学生更深刻地学习知识点，在班级中建立良好的教学氛围，这都是传统授课方法不能达到的效果。

一、高中信息技术教学中的任务驱动法应用原则

在高中信息技术的任务驱动课堂教学中，要分别明确教师与学生的任务。教师的任务就是要根据具体的教学内容，为学生创建能够顺利获取知识的学习情境，吸引学生的关注点，使学生能够通过一系列的学习活动获取知识，完成学习任务。高中信息技术课

程内容较为广泛，且实践性与开放性较强。这就需要教师对学生开展有效的引导，提升学生学习的积极性，主动进行探索，掌握信息技术知识的运用方法，并且将其运用到日常的学习、生活中。在信息技术课堂教学中，要想合理运用任务驱动教学法，就要遵循以下三个原则：

第一，遵循确定的目标原则。高中信息技术教学过程的设计，教师首先要备课，确定本节课的总体任务；然后对其进行分解，提出重点任务，明确学生通过完成这些学习任务之后能够达到什么效果；最后要细化小目标的设计与实现方法，让学生逐一解决，助其化整为零。通过掌握小目标、实现大目标，从而提升学生的信息技术能力。

第二，遵循可操作性原则。高中信息技术是学生掌握计算机操作方法，学习现代社会软件运用知识的主要课程，具有较强的开放性与实践性，需要学生通过实践操作获取知识与技能。在实际课堂教学中，教师的任务要紧紧围绕实践设置，保证任务的可操作性，促使学生能够通过上机操作完成学习任务，从而获取信息技术知识，掌握其运用方法，有效实现课堂教学目标。

第三，遵循符合学生实际原则。教师设计的任务从学生的角度出发，真正考虑高中学生的能力水平与学习需求，结合学生的特点，提出具体的学习任务和问题。另外，教师要重视问题提出的层次性，以此遵循不同层次学生的学习需求。例如，设计一些较为简单的任务和具有一定挑战难度的任务，满足学习能力较弱的学生的需求，进一步提升班级高水平学生的运用能力，实现共同进步。

二、任务驱动法在高中信息技术教学中的应用策略

（一）根据学生实际情况，优化课堂教学设计

在高中课堂中，班级内的学生由于家庭环境、成长经历、人生阅历不同，会存在不同的能力与认知水平。在信息技术的基础理论知识、基础应用能力、兴趣爱好等诸多方面均有较大的差异。教师在设计教学任务时，要考虑每名学生的情况，促使其都能够得到符合其情况、促进其发展的学习任务，从而完成课堂学习目标。例如"建立统计图表"教学时，根据本节课的主要学习目标，能综合运用 Excel 2003 所学知识制作一份统计图表，学习设计并评价统计图表，根据班级学生的实际情况，设置的学习任务分别为掌握制作图表的几大要素，并且通过计算机表达出来；制作简单的 4×4 图表、6×6 图表、8×8 图表；根据教师提供的数据，制作同学迟到、早退、旷课、请假等信息图表；不要参照教师的图表，而是根据自己的想法，设计 1 个数据统计图表等。通过设计 4 个不同难度的任务，促使学生结合自身的能力，选择完成相应的任务，并且将任务发送给教

师。在这一过程中，班级学生都能够得到锻炼与提升，能够提升高中信息技术整体课堂教学水平。

（二）创建任务情境，激发学生的探索欲望

课堂教学中教师要想提出明确的任务，促使学生能够自主完成任务，形成内在学习动力，就要结合教学内容，优化设计任务情境，吸引学生，促使学生融入情境中，快速完成任务，进一步激发学生的探索兴趣，营造良好的课堂任务探索氛围。教师要结合学生的生活情况，引进相应的生活元素，促使学生产生学习兴趣。例如在"启动PowerPoint"的课堂教学中，教学目标为"认识PowerPoint，提升学生对其学习兴趣""创作PowerPoint作品，向大家介绍自己"等，创建相应的课堂教学情境。首先，教师可以向学生展示自己制作的幻灯片，并且以"自我介绍"为主题，提出"大家在同一个班级，你们都了解对方多少？你知道同学的性格与爱好吗？让我们利用PowerPoint制作幻灯片，向大家更好地展示你自己吧！"创建"展示自我，促进了解"的情境，此时班级学生跃跃欲试，都希望能够将自己的优点展现给同学与老师，此时已经融入课堂情境。

（三）关注任务的目的性，提高教学方案的趣味性

在高中信息技术课堂教学中，教师要想充分发挥任务驱动法的效用，就要明确任务的目的，促使学生能够通过完成任务，实现某种学习目标。例如在学习"建立统计图表"中，学生能够通过上述的"制作简单的 4×4 图表、6×6 图表、8×8 图表"任务，实现掌握基本的表格构建方法的目标，能够通过"据自己的想法，设计 1 个数据统计图表"实现创建统计表图，灵活运用统计图表的目标。再如在上述"启动 PowerPoint"的课堂教学中，教师已经构建了良好的课堂教学任务情境，学生纷纷融入情境，想要完成自我表达。此时，教师就要分别明确课堂的教学目标为"掌握 PowerPoint 的工具类型""掌握 PowerPoint 内工具基本操作方法""能够利用 PowerPoint 绘制简单的幻灯片"完成自我介绍，促使学生掌握 PowerPoint 的运用方法，且能够将其运用到日常生活中。之后，再分别提出"练习启动 PowerPoint，创建空白文稿""使用 PowerPoint 做个封面标题与副标题""制作自我介绍幻灯片"等任务，促使学生能够通过这几个任务实现教师设置的课堂教学目标，掌握信息技术技能，为今后的全面发展奠定坚实基础。

在高中信息技术课堂教学中，教师要想将任务驱动法有效地融入课堂教学的各个环节，驱动学生的内在学习主动性，就要从高中学生的实际情况出发，优化设计课堂教学方案；还要结合教学内容，创建相应的课堂教学情境，提出具有目的性的任务与问题，激发学生的探索兴趣；还可以引进小组合作交流模式，充分发挥学生的自主探索意识；最后，要把控好任务驱动法的注意事项，从而提升高中信息技术的整体教学水平。

参考文献

[1] 吴斌.新课改下高中信息技术教学中存在的问题及对策[A].教师教育论坛(第五辑)[C].2019：3.

[2] 徐明璐.新课改下高中信息技术教学存在的问题及对策[J].高考，2020(23)：86.

[3] 庞霞，王月琦.新课改下高中信息技术教学存在的问题及对策[J].名师在线，2019(20)：47-48.

[4] 马俊梅.基于社交软件的高中信息技术翻转课堂教学模式应用研究[J].电脑知识与技术，2017，13(18)：168-169.

[5] 何红艳.基于微课的高中信息技术教学课内翻转模式研究[J].中国教育技术装备，2016(23)：80-81.

[6] 王克胜.课内翻转课堂教学模式在农村高中信息技术教学中的有效尝试[J].中小学电教，2015(6)：38-40.

[7] 蔡永鸿.提高高中信息技术教学实效性的措施[J].当代教研论丛，2020(9).

[8] 文生涛.浅谈高中信息技术课堂教学的实效性[J].高考，2020(33).

[9] 马晖.高中信息技术教学实效性方法的创新研究[J].求学，2020(23).

[10] 王效贤.高中信息技术课堂教学实效性探究[J].甘肃教育，2019(23).

[11] 陈海侠.高中信息技术实效性教学研究[J].国际公关，2019(6).

[12] 魏永红.新课改下高中信息技术教学存在的问题及改善思路[J].读写算，2020(11)：1.

[13] 刘慧明.基于新课改下高中信息技术教学的问题及对策分析[J].考试周刊，2020(02)：5-6.

[14] 尚华."翻转课堂"在高中信息技术教学中的应用研究[J].科技经济导刊，2020(15).

[15] 李军奎.翻转课堂在高中信息技术教学中的实践探索[J].计算机产品与流通，2020(06).

[16] 陈明慧.微课在高中信息技术技能课教学中的应用研究[J].科教导刊，2017

（11）：147.

[17] 马南南，周茜，帅建英 . 微课在高中信息技术教学中的应用研究：同课异构中探寻微课的价值 [J]. 软件导刊（教育技术），2016(3)：33.

[18] 喻文红 . 重视引导，微处入手：微课在高中信息技术教学中的有效应用研究 [J]. 通讯世界，2015(4)：190.

[19] 梁乐明，曹俏俏，张宝辉 . 微课程设计模式研究：基于国内外微课程的对比分析 [J]. 开放教育研究，2013(1)：65.

[20] 翟爱章 . 高中信息技术翻转课堂的教学模式的应用分析 [J]. 信息化建设，2016（2）.

[21] 岳凤 . 高中信息技术翻转课堂教学模式的应用分析 [J]. 中国校外教育，2017(1)：166.

[22] 岳凤 . 高中信息技术翻转课堂教学模式的应用分析 [J]. 中国校外教育，2017(1)：166.